QC的ものの
見方・考え方

細谷克也著

日科技連

効果的なＴＱＣ推進の秘訣

第1条　ＴＱＣにより永続的繁栄のできる企業体質に改善
　　　　すること．

第2条　社員の能力を全社的に結集し，最大限に発揮させ
　　　　ること．

第3条　品質優位による利益確保を目指すこと．

第4条　管理のサイクルを徹底して回すこと．

第5条　重点問題を設定し，徹底的に攻撃すること．

第6条　事実にもとづいて，データでものをいうこと．

第7条　結果でなく，仕事のプロセスを管理していくこと．

第8条　顧客の真に要求するものをつくり出すこと．

第9条　後工程に不良品やミスは流さないこと．

第10条　無手勝流はダメ．ＱＣ手法をよく勉強し，しっか
　　　　り活用すること．

第11条　改善は問題解決の手順を確実に踏んで実施すること．

第12条　標準をつくり，守り，生かしていくこと．

第13条　バラツキに注目し，ばらつく原因をつかむこと．

第14条　同じ過ちをくりかえすな！トラブルの再発防止，
　　　　未然防止を怠らないこと．

第15条　川下でなく，しくみの源流で管理すること．

第16条　教育・訓練を強化して，人材の開発・育成に努め
　　　　ること．

第17条　方針管理で統一ある企業活動を展開すること．

第18条　組織にヨコ糸を通し，部門ごとのセクショナリズ
　　　　ムを破ること．

第19条　ＴＱＣの推進状況をトップみずからが点検し，活
　　　　動の促進をはかること．

第20条　人間性を尊重し，人間の能力をフルに発揮させる
　　　　こと．

ま　え　が　き

　わが国における TQC（全社的品質管理）活動が，多くの企業においてきわめ
て活発に行なわれ，大きな成果をあげていることは，周知のとおりである．海
外でもわが国の TQC が脚光を浴びているが，これは日本製品の優れている原
因が，日本企業の推進している TQC 活動にあることが知られたからである．
国内でも昨今は製造業だけでなく，建設業，サービス業，金融業などのあらゆ
る業界で，TQC の導入に踏み切る企業がふえている．

　このように，TQC が品質保証，新製品開発にとどまらず，企業体質の改善，
職場の活性化など企業内の意識改革への面でも，大きな効果をあげているの
は，そこに QC（品質管理）特有の合理的な考え方があるからである．

　"TQC の基本"——それは "QC 的なものの見方・考え方" にある．

　わが国の QC 界では，諸先生方の努力により，この合理的かつ科学的な考え
方が繰り返し教育・訓練され，実行の必要性が強調されてきた．そして，これ
を受け止めた企業は，その言葉を着実に実践してきたのである．

　"QC 的なものの見方・考え方" を重視していた筆者は，この考え方をまと
め，3 年前に品質月間テキスト（No. 129）として刊行したところ，多くの方々
から好評をいただき，その後も毎年版を重ねてきた．今回，出版社からのおす
すめもあって，新たに書き直して，整理して，まとめ直したものが本書である．

　本書の執筆にあたっては，「品質第一」，「PDCA のサイクル」，「重点指向」，
「ファクト・コントロール」，「消費者指向」，「プロセス・コントロール」，およ
び「QC 手法の活用」など 20 項目を精選し，これらの 1 つ 1 つについて

　　①　言葉の定義，本当の意味の解説

　　　　　　　　　　　　　　まえがき

② その効果的な進め方，ポイント，留意点

③ 企業における実施事例

の3点について詳述した.

　企業のトップ，部課長，スタッフの方々を対象に，なるべく平易に，かつ具体的に解説することにより，「TQCとは何か」，それは「どのように推進すればよいのか」について十分理解していただけるように配慮した.

　浅学非才の身であり，ここに述べたものが必ずしもオーソライズされたものではないので，筆者のひとりよがりのところが多分にあると思われる. 識者からのご叱声をいただきながら，正していきたいと思う.

　厳しい国際環境の下で企業が存続するためには，世界のニーズにあった品質をもち，そしてコストダウンに成功した，国際競争力のある独創的な製品やサービスが強く要求されている. 本書が，TQCで企業の活性化，明日への挑戦をはかろうとしている各企業のTQCの推進に役立てば，望外の喜びである.

　本書の完成にあたっては，朝香鐵一，石川　馨，水野　滋，近藤良夫の諸先生方をはじめとして，QC界の諸先生・先輩の方々の永年にわたるご教示，ご助言によるところがきわめて大きい. また，事例の引用については関係各位の方々から快いお許しをいただいた. ここに厚くお礼申し上げたい.

　また，本書の出版に際していろいろお世話になった日科技連出版社の方々，特に光明春子常務，編集部の仁尾一義課長，竹花千秋氏に感謝の意を表したい.

　1984年9月27日

　　　　　　　　　　　　　QCサークル近畿支部設立20周年記念大会
　　　　　　　　　　　　　神戸国際会館にて

　　　　　　　　　　　　　　　　　細　谷　克　也

本書の読み方，使い方

　本書は，TQC(全社的品質管理)実践のための書である．TQCを実践していくために基本的に大切な，"QC的ものの見方・考え方・進め方"についてまとめたものである．QC意識の全社的浸透をはかり，それによりTQC活動の一層の推進をはかることをねらいに記述したものであり，社内の集合教育や自己啓発の教材として大いに活用していただきたい．

《本書の構成》

　"QC的ものの見方・考え方"の中から表1に示す20項目を精選し，各章は次の3点から構成されている．

(1) 言葉の解説──言葉を定義し，QC的ものの見方・考え方について解説している．

(2) 効果的な進め方──実践によりどんな効果がえられるかを個条書きに整理し，効果的に進めるための手順，ポイント，留意点について記述している．

(3) 実施事例──デミング賞受賞会社，TQCをう

表1　QC的ものの見方・考え方

区　　分		QC的ものの見方・考え方
T	総合的な考え方	① 企業体質の強化 ② 全員参加の経営 ⑯ 教育・普及 ⑲ QC診断 ⑳ 人間性の尊重
S	統計的な方法	⑩ QC手法の活用 ⑬ バラツキ管理
Q	保証の考え方	③ 品質第一 ⑧ 消費者指向 ⑨ 後工程はお客さま
C	管理の考え方	④ PDCAのサイクル ⑥ ファクト・コントロール ⑦ プロセス・コントロール ⑫ 標準化 ⑮ 源流管理 ⑰ 方針管理 ⑱ 機能別管理
	改善の考え方	⑤ 重点指向 ⑪ 問題解決の手順 ⑭ 再発防止，未然防止

（注）　丸中数字は，章番号を示す．

iv　　　　　　　　本書の読み方，使い方

まく進めている先進会社などから，読者の参考になると思われる好事例を
選択し，紹介している．

《対　象　者》

本書は，企業のトップ，部課長，スタッフの人たちを対象に置きつつ，幅広
い層の人たちにも十分使ってもらえるように工夫されている．

(1)　トップ——リーダーシップを発揮し，TQC を推進していくためのトッ
　　プの役割，心がまえ，重点的な進め方を理解する．

(2)　部課長——部課長のあり方，役割を認識し，方針管理や消費者指向など
　　TQC の理解と基本的な推進の仕方を習得する．

(3)　スタッフ——TQC についての正しい認識と具体的なとり組み方を理解
　　する．

(4)　QC サークルリーダー，メンバー——良い品質の製品やサービスを，安
　　く，速く，楽に，しかも安全につくるための QC の考え方，進め方の理解
　　を深め，管理・改善のやり方を習得する．

TQC は全員参加の活動であるから，本書の内容は企業のすべての人たちに
理解してほしい．また本書は，次のような人たちにも最適である．

- TQC の導入を検討しているが，TQC の効果や導入の仕方がわからな
　い人．
- TQC を推進しているが壁に突きあたり，進展のスピードが遅くて困っ
　ている人．
- デミング賞受賞を目指して，TQC の定着化をはかるために日夜奮闘し
　ている人．

《使　い　方》

次のような使い方が考えられる．

(1)　社内，その他の講習会のテキストとして使う．

本書の読み方，使い方　　　　　　　　v

表2　1日コース

	午前(9 時～12時)	午後(1 時～ 5 時)
第 1 日	TQC の考え方と進め方(1) (第 1 章～第10章)	TQC の考え方と進め方(2) (第11章～第20章)

表3　2日コース

	午前(9 時～12時)	午後(1 時～ 5 時)
第 1 日	TQC の概要 (第 1 章～第 3 章)	TQC の基本と進め方(1) (第 4 章～第10章)
第 2 日	TQC の基本と進め方(2) (第11章～第16章)	TQC のサブシステム (第17章～第20章)

　本書を用いた講習会のカリキュラムを，表2，表3に示しておく．TQC
の基本的な考え方と進め方を教育するためには，できれば2日コースを採
用してほしい．そして，宿泊が可能であれば第1日目の夜はグループディ
スカッション(GD)を実施するとよい．

　教育日数が1日しかとれない場合は，言葉の意味，進め方を中心に講義
し，実施事例は各自で自己研修してもらうようにする．また，スタッフに
ついては『QC 七つ道具――やさしい QC 手法演習――』(細谷克也著，日
科技連出版社，1982)，『品質管理のための統計的方法入門』(鐡健司著，日
科技連出版社，1977)などを併用して，QC 手法に関する講義をつけ加え
るとなおよい．

(2)　テキストの副読本，あるいは参考書として利用する．

(3)　TQC 活動を実践していく段階で問題や壁にぶつかったときの手引書と
　して活用する．

《読　み　方》

次のような読み方が考えられる．

(1)　第1章から順に，初めから終わりまで順番に読む．とくに第1章～第10
　章は重要である．

(2)　とくに学びたい章を拾い出し，その部分から読む．

《勉強の仕方》

勉強の仕方としては，次の方法がある．

(1)　社内講習会を実施する．講師は，できれば社外の QC 学識経験者に依頼する．それが困難な場合は，社内のベテランが講義を担当する．

(2)　研修会，勉強会をもち，輪読によりグループで討論しながら読み進む．

(3)　個人で自学自習する．

　以上，本書の読み方，使い方について述べてきたが，大切なことは学んだことを実践してみることである．実践により新しい体験がえられ，正しい考え方が身につくのである．

目　　　　次

まえがき……………………………………………………………………… i

本書の読み方，使い方…………………………………………………… iii

1.　企業体質の強化

1.1　TQC とは ……………………………………………………… *1*

1.2　品質管理の発展経過………………………………………… *4*

1.3　TQC 導入のねらい ……………………………………… *8*

1.4　TQC による体質強化の方法 …………………………… *9*

1.5　日本製鋼所における体質改善への挑戦………………… *12*

2.　全員参加の経営

2.1　人間集団の形成と TQC ………………………………… *19*

2.2　全員参加へのあの手この手……………………………… *20*

2.3　全員参加による TQC の進め方………………………… *24*

2.4　鹿島建設における意識革新と総力結集………………… *26*

3.　品　質　第　一

3.1　品質優位による利益追求………………………………… *31*

3.2 品質第一とは……………………………………………………………………*33*

3.3 アイシングループにおける品質至上の経営………………………………*36*

4. PDCA のサイクル

4.1 管理とは……………………………………………………………………*43*

4.2 PDCA のサイクルとは ……………………………………………*45*

4.3 工程管理の PDCA ………………………………………………*47*

4.4 建築施工における品質確保のための PDCA ………………………*47*

5. 重点指向

5.1 重点指向とは………………………………………………………………*53*

5.2 重点問題の定義………………………………………………………*54*

5.3 重点問題の設定の仕方………………………………………………*55*

5.4 重点指向によるヒット商品(コンパクトカメラの事例)……………*57*

6. ファクト・コントロール

6.1 ファクト・コントロールとは…………………………………………*61*

6.2 品質特性とは………………………………………………………………*63*

6.3 特性の選び方………………………………………………………………*64*

6.4 データをとる目的…………………………………………………………*67*

6.5 データのとり方……………………………………………………………*69*

6.6 東北リコーにおけるファクト・コントロール………………………*70*

7. プロセス・コントロール

7.1 品質保証……………………………………………………………………*73*

目　　次　　　ix

7.2 プロセス・コントロールとは……………………………………*75*

7.3 品質はプロセスでつくりこむ…………………………………*77*

7.4 設計段階におけるプロセス・コントロール……………………*79*

8. 消 費 者 指 向

8.1 マーケット・イン…………………………………………*85*

8.2 消費者指向とは……………………………………………*86*

8.3 市場品質情報の収集と活用………………………………*88*

8.4 消費者指向による新商品の開発(マッサージ椅子の事例)………*91*

9. 後工程はお客さま

9.1 後工程とは…………………………………………………*97*

9.2 「後工程はお客さま」とは ………………………………*98*

9.3 品質は工程内でつくりこもう(三菱自動車工業の事例) ………*100*

9.4 お客さまからの苦情をなくそう(リコーの事例) ………………*102*

10. QC手法の活用

10.1 QC 手法の意義…………………………………………*107*

10.2 QC 手法の種類…………………………………………*108*

10.3 QC 手法の選び方………………………………………*111*

10.4 QC 手法活用のポイント ………………………………*114*

10.5 電気洗濯機のVベルト調整作業の改善事例…………………*116*

11. 問題解決の手順

11.1 問題発見能力と問題解決能力……………………………*121*

x　　　　　　　目　　　次

11. 2 問題解決の手順……………………………………………*122*

11. 3 要因解析のコツ……………………………………………*130*

11. 4 QC ストーリー……………………………………………*132*

11. 5 重原油タンクスラッジ量測定作業時間の短縮事例…………*135*

12. 標　　準　　化

12. 1 標準化の必要性……………………………………………*139*

12. 2 標準化とは…………………………………………………*140*

12. 3 社内標準化の進め方………………………………………*142*

12. 4 作業標準の目的と内容……………………………………*150*

12. 5 作業の標準化による手直しの低減事例……………………*162*

13. バラツキ管理

13. 1 データは必ずばらつく……………………………………*163*

13. 2 工程能力調査………………………………………………*164*

13. 3 パーフェクト良品活動………………………………………*167*

13. 4 QP 表を活用した工程能力改善活動事例…………………*171*

14. 再発防止，未然防止

14. 1 QC 的反省…………………………………………………*181*

14. 2 再発防止とは………………………………………………*183*

14. 3 未然防止とは………………………………………………*189*

14. 4 開発クレーム再発防止のツール作成事例…………………*198*

15. 源　流　管　理

15.1	源流での管理	201
15.2	品質機能展開	203
15.3	品質展開のやり方	205
15.4	源流管理による大型 PC 低温タンクの開発事例	208

16. 教 育 ・ 普 及

16.1	教育の基本的な考え方	221
16.2	教 育 体 系	223
16.3	Q C 教 育	224
16.4	東京重機工業における教育・普及活動	231

17. 方 針 管 理

17.1	方針管理の必要性	235
17.2	方針管理の目的と効果	237
17.3	方針管理の進め方	239
17.4	管 理 項 目	247
17.5	方針管理推進上の留意点	248
17.6	リコーにおける方針管理	251

18. 機 能 別 管 理

18.1	部門別管理とは	261
18.2	機能別管理とは	265
18.3	機能別管理の進め方	267
18.4	小松製作所における機能別管理	269

19. Q C 診 断

19.1 QC診断とは	*279*
19.2 QC診断の目的	*281*
19.3 QC診断の実施	*282*
19.4 QC診断の留意点	*288*
19.5 ぺんてるにおける社長QC診断の運営	*289*

20. 人間性の尊重

20.1 人間の欲求	*297*
20.2 人間性の尊重	*299*
20.3 QCサークル活動	*300*
20.4 三和銀行におけるQCサークルの導入	*303*
20.5 QCサークル活動のはじめ方，進め方	*305*
20.6 私とQCサークル活動——ある主婦の体験	*309*

参考文献	*315*
索　引	*318*

1. 企業体質の強化

——**TQC**により永続的繁栄のできる企業体質に改善すること.

1.1 TQCとは

企業の事業目的は，その企業をとりまく環境のなかで，特定の製品またはサービスの需要を満たすために必要な活動を行ない，社会の繁栄に寄与することにある.

必要とされる製品またはサービスを適当な価格で提供し，しかも必要とする時期と場所において供給することができなければ，その企業は存在価値をもつことができず，自由競争の環境のなかで存続していくことはできない.

"**品質管理**(quality control)"とは，

　　「顧客の要求する品質(それは単なる品質仕様だけでなく，製品の働き，寿命，使用の経済性ならびに安全性，サービスなどをふくめた広義の品質をいう)を確保することができるように企業の品質目標を定め，これを合理的かつ経済的に達成するもの.」

である.

JIS(日本工業規格)の「品質管理用語(JIS Z 8101)」によれば，品質管理を

2

次のように定義している.

> "品質管理"——買手の要求にあった品質の品物またはサービスを経済的につくりだすための手段の体系.
>
> 品質管理を略して **QC** ということがある.
>
> また，近代的な品質管理は，統計的な手段を採用しているので，とくに**統計的品質管理**(statistical quality control, 略して**SQC**)ということがある.
>
> 品質管理を効果的に実施するためには，市場の調査，研究・開発，製品の企画，設計，生産準備，購買・外注，製造，検査，販売およびアフターサービスならびに財務，人事，教育など企業活動の全段階にわたり，経営者をはじめ管理者，監督者，作業者など企業の全員の参加と協力が必要である．このようにして実施される品質管理を，**全社的品質管理**(company-wide quality control, 略して **CWQC**)または**総合的品質管理**(total quality control, 略して **TQC**)という.

JIS の定義からもわかるように，TQC には次の 3 つの意味がある.

❡ TQC の意味 ❡

(1) すべての段階で行なう.

顧客が喜んで買ってくれる商品や良いサービスを提供していくためには，それを生み出すためのステップがある．すなわち市場を調査し，製品を企画し，設計し，製造し，販売し，アフターサービスを実施していくことであるが，このステップの 1 つ 1 つで品質保証の仕方を確立し，これを充実させていく.

(2) すべての部門のすべての人が参加する.

企業の社長，重役，部課長，係長，スタッフ，担当者など全員が参加して，

各人がQCを実施していくことが必要である．どこかの部や課がQCに関係がないといって避けていては，良い製品をつくることはできないのである．総務課は総務課としての，人事課は人事課としての機能を発揮するためにQCを勉強し，みずからQCを実施していくことが大切である．

(3) 総合的に実施する．

もちろん品質の管理を中心に進めていくが，同時に原価管理(利益管理，価格管理)，量管理(生産量，販売量，在庫量)，納期管理(工期管理)，安全管理，人材管理(教育・訓練)なども同時に並行して管理を進めていくことが必要である．このようにして管理のレベルを上げることによって，消費者が欲するもの，消費者を満足させるものをつくり出していくのである．

以上の考え方をもっと簡単にあらわすと，図1.1のようになる．

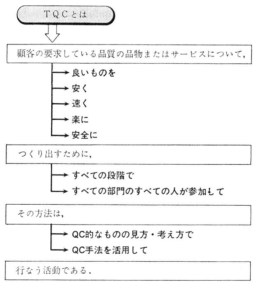

図 1.1　TQC の意味

（補注）　前述のように，JIS では全社的品質管理の略称を CWQC と称している．これは，TQC という言葉を最初に使ったのは，アメリカのファイゲンバウム(A. V. Feigenbaum）博士で，1957年に "Total Quality Control" という論文を発表し，「TQC とは，顧客を十分に満足させるということを考慮して，もっとも経済的な水準で生産し，サービスができるように，組織内の各グループが品質開発，品質維持，品質改善の努力を総合するための効果的なシステムである」とのべ，全段階で QC を実施する必要があり，それには QC 技術者が中心になって活躍しなければならない，と主張している．

一方わが国では，一部の人だけが行なう QC ではなく，全段階，全部門で，全員参加の QC を実施しなければならないとしてきた．

海外で TQC といえば，ファイゲンバウムの TQC の意味にとられてしまうので，日本的 TQC のことを CWQC とよぶことにしたのである．

しかし，昨今，全社的品質管理（日本的 TQC）のことを CWQC とよばないで，TQC と呼称することが一般化されてきているので，本書でもこれにしたがった．

1.2　品質管理の発展経過

ここで，わが国における品質管理の歴史について，簡単にのべてみよう．

第1期　QC の調査・研究の時代──1945～1949 年（昭和 20～24 年）

第2次大戦後，連合軍の軍政下にあって産業復興の模索中，アメリカ戦時規格 Z 1.1～1.3 が紹介され，これといくつかの統計的手法についての文献を中心として QC リサーチグループが発足し，研究がはじまった．これが，1946 年のことである．

1945 年には日本規格協会，1946 年には日本科学技術連盟が設立された．GHQ（連合軍総司令部）のマギール（W. G. Magil）氏，サラソン（H. M. Sarasohn）氏らが電気機器メーカーに QC 指導を行なったのも，このころである．

1949 年には，日本科学技術連盟，日本規格協会によって QC の講習会がはじめられ，今日までつづけられている．

1949 年に「工業標準化法」が施行され，JIS マークの表示制度が設定された．

第2期　SQC 導入，普及の時代──1950～1954 年（昭和 25～29 年）

1950年には，デミング(W. E. Deming)博士が来日して8日間のセミナーが開催された．このコースは，わが国の多くの工場関係者に統計的手法の導入と活用についての方向づけをしたという点で，わが国のQCの発展にとって画期的なものとなった．翌1951年には，「デミング賞」が設けられた．

1951年11月に「第1回品質管理大会」が開催され，以降毎年11月に同大会が開かれ，研究成果や運営・改善の事例などが発表され，討論の場となっている．

日本科学技術連盟，日本規格協会などでQCの各種セミナーが開講され，手法の習得が行なわれた．検査中心で受入検査，工程検査，最終検査に統計的手法が活用された時代である．

1954年には，ジュラン(J. M. Juran)博士が来日してセミナーが開かれ，QCのマネジメントを重視する方向転換のきっかけとなった．

第3期　QCの組織的運営，工程管理重視の時代──1955〜1959年(昭和30〜34年)

1955年は，神武景気といわれ日本経済も順調に発展し，1956年にはわが国も国連に加盟し，そのご景気はいったん後退したものの再び上昇し，岩戸景気へと移っていった．

QCの面では，企業のなかにおけるQC機能が組織化され，委員会から品質管理推進室，品質保証部など常置のQC推進組織が設けられるようになった．また，経営者・管理者層や事務部門などへもQC教育が行なわれるようになった．さらにラジオやテレビでもQC講座が放送され，普及に貢献した．

1958年には「第1回標準化全国大会」が開催され，以降毎年10〜11月を工業標準化振興運動期間として，工業標準化の普及・推進がはかられている．

検査だけでは品質は保てないので，不良品ができないように，品質は工程でつくりこむことが大切だという考え方が浸透した．

第4期　現場の QC 活動充実の時代──1960～1964年(昭和35～39年)

QC が急速に盛りあがり，普及した．

1960年から毎年11月を「品質月間」と定め，品質管理の反省・診断・推進などを各企業で行なうとともに，全国的な活動が展開されるようになった．

ファイゲンバウム(A. V. Feigenbaum)博士が，1961年に *"Total Quality Control"* という著書を刊行し，品質コスト，TQC を提唱した．1963年11月には，品質管理大会にトップマネジメント大会が設置された．

1962年には，QC サークルの結成がよびかけられ，同年11月には品質管理大会に職組長大会が設けられるなど，現場の QC 活動の充実が推進された．

第5期　日本的 QC 進展の時代──1965～1969年(昭和40～44年)

経済の高度成長がつづき，いざなぎ景気とよばれる隆盛時代で，1968年には GNP(国民総生産)が自由主義経済圏で第2位にまでなった．一方，「公害対策基本法」が制定され，環境保全・消費者保護などが重視されるようになった．

企業の生産規模増大にともない，設備投資が盛んに行なわれ，高品質の商品が高能率・低コストで生産されるような体制が整備された．そして，品質管理も日本的 QC として世界的に注目されるようになった．

1967年には，第1回 QS(品質管理と標準化)全国大会が開催された．以降毎年5月に同大会が開かれ，企業や学識経験者の発表や討論が行なわれ，TQC の推進と普及に貢献している．

海外との交流も盛んとなり，QC 専門視察団が毎年海外へ派遣されるようになり，1969年には世界で初めての「品質管理国際会議」が東京で開催された．

第6期　品質保証，信頼性重視の時代──1970～1974年(昭和45～49年)

1971年のニクソン・ショック，1973年には石油ショックと経済の激動にみまわれ，日本の高度成長の時代は終わりを告げた．

製品責任(PL)問題の予防がとくに重視され，1973年にはアメリカの専門家をよんでセミナーを開催するなど，研究や対策が熱心に行なわれた．また1974年には，厚生省が GMP(good manufacturing practice)の原案を公表(1975年公布)し，医薬品製造時の品質管理の自主規制が強化された．

貿易の自由化，自動車，電子レンジ，プレハブ住宅などの欠陥商品問題の発生およびシェアの拡大などに対する課題から，消費者の要求とか使い方の研究から設計，生産，販売，アフターサービスにいたるまでの全段階の QC 活動が重視され，品質保証，信頼性へのとり組みが強化された．

第7期　企業体質改善の時代──1975～1979 年(昭和 50～54 年)

1976年には円高が進行し，さらに円高不況に加えて省エネルギー・省資源化が社会的問題となり，企業はこれまでにないきびしい環境におかれた．また，「工業標準化法」が1980年に改正され，海外の企業に対する JIS マーク表示制度が開放された．

このような経済環境下にあって，企業では QC の導入・推進をはかり，全社・全機能をあげて効率の良い強靱な体質に鍛えあげていこうとする企業がますます増えてきた．

第8期　TQC 国際化の時代──1980 年～　(昭和 55 年～　)

要求品質の多様化，消費者主義，マイコンやロボット化などが一段と進むなかで購買力の減退，貿易摩擦などが発生し，社会的・経済的にも不確実な世相となった．

これに対応するため，減量経営などとともに TQC による経営体質の強化が，製造業はもとより建設業や銀行・商社・ホテル・飲食業などのサービス産業にまでその輪をひろげはじめた．

そして海外では，貿易の自由化によって輸出された日本製品の優秀さが認め

られ，その源泉となったわが国の QC が国際的な注目を集めた．そして，わが国の QC を学ぼうとする海外からの視察団，訓練生，留学生などが，つぎつぎと訪問するようになった．

　これからのわが国の企業は，国際通商摩擦の問題をかかえながらも国際的な視野と感覚をさらに高め，現地生産や国際分業などの対応策をもって，世界的な共存共栄の道を歩まなければならない．

1.3　TQC 導入のねらい

　各企業が TQC を導入して推進するねらいについて調べてみると，第 1 に「企業体質の強化」をあげているところが多い．

デミング賞——わが国の品質管理の導入に貢献のあったデミング (W. E. Deming) 博士のわが国に対する業績と友情を記念し，同時に品質管理のいっそうの発展をはかるため，昭和 26 年に創設された賞である．実施賞は，統計的品質管理を実施して顕著な効果をあげたと認められる企業，またはその事業部などに対して授与されるものである．

図 1.2　デミング賞

　品質管理を実施して，顕著な効果をあげたと認められる企業または事業部に対して授与される賞として，「デミング賞実施賞」(図 1.2 参照) がある．これは，わが国における品質管理の賞としては最高の名誉あるものとされている．

　昭和 57 年と 58 年の 2 年間に，このデミング賞実施賞を受賞した 6 社 (中小企業賞，事業部賞は除く) について，TQC 導入のねらいを調べてみると，表 1.1 のようになる．この表をみても，各企業が「企業体質の強化」をいかに重視しているかが理解できる．

1. 企業体質の強化　　　　9

表 1.1　デミング賞実施賞受賞会社における TQC 導入のねらい

No.	会　社　名	TQC 導入のねらい	受賞年度
1	鹿　島　建　設	永続的繁栄の保証できる健全な企業体質づくり.	
2	山 形 日 本 電 気	TQC 導入による企業体質の改善.	
3	横河・ヒューレット・パッカード	(1)品質保証体制の確立. (2)管理体質の改善. (3)ヒューレット・パッカード社との積極的協力.	昭和57年
4	リ ズ ム 時 計 工 業	全員参加による体質改善を進め，世界に通用する製品で，世界に通用する企業にし，社会に貢献する企業体質づくりをする.	
5	清　水　建　設	品質重視の経営. 意識改革.	
6	日 本 製 鋼 所	(1)いかなる環境の変化にも耐えられるよう，企業体質の改革を実現する. (2)顧客の信頼と満足をかちとり，利益の確保・向上をはかる.	昭和58年

1.4　TQC による体質強化の方法

　企業をとりまく環境の変化を予測することは，むずかしいことである．石油ショック，低成長経済，世界的不況，円レートや金利の変動，貿易摩擦，輸入規制，原材料の高騰など，外部環境の変化によって売上高，生産高，利益額が変動し，ときには企業の存続すらおびやかされることもある．

　企業は，このような企業環境の激変に対応して生きつづけていける強靱な企業体質をつくっておくことが大切である．

　ところで「**企業体質の強化**」とは，どういう意味であろうか．

　一般に

10

　体質……身体的・精神的性質の全体.

　　　　からだの性質，たち.

　強化……さらに強くすること.

を意味する．このことから，企業体質とは「企業の力」つまり

　　「その企業がもっている固有の性質，力」

であり，具体的には

　　「企画力，開発力，技術力，販売力，競争力，コスト力，管理力，組織活

　　性力，問題解決力など」

を指している.

　さらに，

　　「仕事のやり方，しくみ，および固有技術力，管理技術力を指す．その基

　　本は社員個々の考え方，技能，技術そのものにあり，それを統合する組織

　　力によってトータル化されるものである.」

といってよいであろう.

　企業体質を強化するには，次の手順によるのがよいと思われる.

❦ TQC による企業体質強化の手順 ❦

[手順 1]　自社の企業体質の悪さを出す.

　　自社の体質面の悪さを出さないで，企業体質の改善を叫んでみても，的

　確な対策は打てない．問題となる体質をまず顕在化させることである．経

　営首脳部が集まってグループ・ディスカッションを行ない，親和図法や特

　性要因図などを使ってまとめる.

　　悪さの例としては，表1.2のようなものがあげられる.

[手順 2]　体質改善の目的と内容を明らかにする.

　　どのような企業体質をつくり出したいのか，その目的・内容を明確にす

　る.

1. 企業体質の強化

手順 3] 重点を明らかにして TQC 活動を推進する.

企業体質は，簡単にかえられるものではない．社会の発展・変化を素早く読みとりながら，計画的に1つ1つ改善を積み重ねていかなければならない．そのための手段・道具として，TQC は有効である.

TQC の導入が決まったならば，体質改善を実現する重点方策を具体的に定め，TQC の考え方や QC 手法などをもちいて，全社的に企業体質の

表 1.2　企業体質の悪さの例

No.	悪　い　体　質
1	プロダクト・アウトのクセ.
2	自己の判断だけで走るクセ.
3	大局的にものをみないクセ.
4	ドンブリでみるクセ.
5	なりゆきで仕事をするクセ.
6	自部所中心主義のクセ.
7	データ・情報を活用しないクセ.
8	各人の能力やポテンシャルを伸ばさないクセ.
9	与えられたことだけに邁進するクセ.
10	みずから問題発見しないクセ.
11	ことなかれ主義のクセ.
12	部下に問題を押しつけるクセ.
13	すべてに受身のクセ.
14	計画性をもって動かないクセ.
15	品質を重視しないクセ.
16	結果主義のクセ.
17	受身でものを考えるクセ.
18	KKD(経験と勘と度胸)に頼るクセ.
19	やりっ放しのクセ.
20	対策が応急処置のみに止まるクセ.
21	現状に甘んじ脱皮しようとしないクセ.
22	もたれあいで責任が明らかでないクセ.
23	困難に挑戦しないクセ.
24	戦術なしに走るクセ.
25	すぐにあきらめてしまうクセ.

改善を推進していくのである.

1.5 日本製鋼所における体質改善への挑戦

日本製鋼所[1-a]は,明治40年に兵器の製造を目的として,現在の北海道室蘭
市に設立された歴史のある会社である.大型鋳鍛鋼製品をはじめとする鉄鋼材
料と,各種産業用機械製品およびプラント類の一連の製品を生産し,販売する
「鋼と機械の総合メーカー」である.

戦前,戦後を通じて順調に成長してきたものの,石油ショック,円高後の経
営環境の悪化のなかで業績の低下をまねき,昭和51年から54年まで実質赤字
経営をつづけ,倒産必至であった.

昭和54年7月に社長に就任した舘野万吉氏は,その3ヵ月後の10月,この
危機を克服するには企業体質の抜本的な改革が必要であるとして,TQCを全
社に導入するとの決意表明を行なった.

昭和54年10月,舘野社長は次のようにいっている.

『TQCの全社への導入を,ここに正式に言明します.

当社の広島製作所は,3年におよぶ努力でデミング賞(昭和54年度事業
所表彰)の栄に浴したが,この過程と効果を十分とはいかないまでもわれ
われなりにその様子を味わった.そのうえで,日本製鋼所がこれからの環
境の変化に対処して力強く,しかも科学的基礎にたった体質改善を行なう
ための適切な手段であると思い,全面採用の決心をしたしだいです.

目的は,かならずしもデミング賞を受けることではなく,合理性のある
生産や管理体制の確立を全社同一歩調で整えていき,要は品質の良いもの
を安くつくるということが,この運動の目的であると思います.広島の例
でも察知できるが,とくに管理者諸君の苦労は予想されることであり,百

年の計を考えてどうしてもやりぬきたいので，さっそく具体化への歩みをはじめていただきたい．』

日本製鋼所は，TQCを全社・全部門に導入するにあたって，その活動目的を図1.3のように明らかにしている．

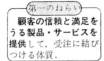

図 1.3　日本製鋼所における TQC 活動の目的

以降，昭和54年から58年にかけてのTQC推進の経過は図1.4に示すとおりであり，その成果が認められて昭和58年度デミング賞実施賞を受賞した．

昭和58年10月，舘野社長は

　『今日までTQCを4年間勉強してきました．もちろん，まだ十分いきとどいているとは思いませんし，この勉強はいつまでもつづけなければならないと思っていますが，ともかく生半可な伝統があるだけに根深い甘えの構造から脱して，このきびしい世相に対処していける逞しい体質に変化しつつあることを，ハッキリ自覚できるようになりました．おかげで，従来から溜りに溜った大きな穴――負担――を埋めながら，昭和56年度から配当ができるまでに急回復しました．』

とのべ，

　『TQCによる革命がなければ，今日の姿はありえなかった．』

とさえ語っている．そして，図1.5および表1.3に示すような，有形・無形の

項目　　年度	～　54年度	55年度
ね　ら　い		○ＴＱＣ思想の全社浸透
推進組織の整備	・(広島)ＴＱＣ推進部設置(52/1)	・(全社)ＴＱＣ推進本部設置(55/1)　・ＰＬ ・(室蘭)(横浜)(東京)(エンジニアリ 　ＴＱＣ推進部設置(55/1～2) ・(全社)

主要実施事項

教　　育	日　科　技　連　品　質　管　理　セ ・品質管理セミナー・ＱＣサークルセミナー・実験計画法セミナー・信頼性セミ 招　聘　講　師　に　よ　る　指　導 ・多変量解析・品質機能展開・分散分析・信頼性など 社　内　Ｑ　Ｃ　手　法　セ　ミ　ナ ・ＱＣ七つ道具・実験計画法・新ＱＣ七つ道具・信頼性・多変量解析など	
自　主　管　理	Ｚ　　Ｄ　　運　　動	自　主　管　理　活　動
方　針　管　理	(広島)方　針　管　理　実　施	(全社)方　　針　　管　　理
品　質　保　証	(広島)品　質　保　証　活　動　実　施 ・品質機能展開(品質表・ＱＡ表・管理工程表など) 研　　究　　開　　発　　体　　制　　の　　整　　備	(全社)品　質　保　証　体 Ｐ Ｎ
利　益　管　理		利　　益　　管 Ｓ
受　注　管　理		受　　注　　管　　理　　体 ・受注管理マニュ
ＴＱＣ導入 診　　　断	(広島)ＴＱＣ導入・推進	(全社)　Ｔ　　　Ｑ ◉全社ＴＱＣ導入宣言 (54/10) 社　　長　　診

・(広島)ＱＣ診断受診 (53/12)

◉(広島)デミング賞事業所表彰受賞 (54/11)

効　　　果		○各職位の方針が明確になった。 ○マーケットインの思想が浸透した。
問　題　点	○方針が不明確であった。 ○マーケットインの考え方が弱かった。	○方針展開上の実施計画が具体的で 　なかった。 ○全社の協調体制が弱かった。

(注)(1)AGS：ambitious goal seekingの略称. (2)SBU：strategic business unitの略称.

図 1.4　日本製鋼所における

1. 企業体質の強化

56年度	57年度	58年度
○方針管理の徹底	○機能別管理体制の整備	○重点機能の充実

P担当設置（55/10）
ング）

ＴＱＣ推進会議設置(55/11)

・(全社)品質保証機能別委員会設置(57/12)
・(全社)利益管理機能別委員会設置(58/2)
・(全社)受注管理機能別委員会設置(58/2)

ミ　ナ　ー　・　研　究　会　に　参　加
ナーなど　・ＰＬセミナー・ＰＳ研究会・新ＱＣ七つ道具研究会・多変量解析研究会など
会　実　施

一　・　事　例　発　表　会　の　実　施

の　活　性　化（ＱＣ手法の普及・改善意識の向上など）

実　施（方針書・実施計画書・管理項目一覧表）
・方針管理実施要領(56/12)　・方針管理規定(57/1)　・方針管理マニュアル(57/12)

Ａ　　Ｇ　　Ｓ(1)　活　動　の　実　施
・ＡＧＳ活動実施要領書(58/4)

(全社)製品別方針の展開実施　　(全社)機能別方針の展開実施
・製品別中期方針　　・品質保証中期方針・利益管理中期方針・受注管理中期方針

制　の　整　備　　(全社)品　質　保　証　活　動　の　充　実
・品質予測管理表　・品質保証活動一覧表・品質保証規定(57/10)　・クレーム管理規定(58/3)

Ｌ　Ｐ　体　制　の　整　備　　Ｐ　Ｌ　Ｐ　活　動　の　充　実
・ＰＬＰマニュアル(56/5)　・ＰＬクレーム処理マニュアル(57/11)

研　究　開　発　管　理　活　動　の　充　実
・製品開発マニュアル改訂(57/1)　・研究開発規定改訂(57/7)

Ｅ　解　決　活　動　の　実　施
・ＮＥ解決活動実施要領書(58/4)

理　体　制　の　整　備　　利　益　管　理　活　動　の　充　実
・利益管理活動一覧表・利益管理規定(58/3)

Ｂ　　Ｕ(2)　活　動　の　実　施
・ＳＢＵ活動実施要領書(58/4)

制　の　整　備　　受　注　管　理　活　動　の　充　実
アル（55/10）　・受注管理規定（57/11）　・受注管理活動一覧表（58/3）

Ｃ　導　入　・　推　進

断　実　施　　社　長　診　断　の　充　実（相互診断方式採用）

(全社)ＱＣ診断受診
・(室蘭)(本社)(横浜)(エンジニアリング)(東京)(56/12～57/5)

合　同　評　価　会　実　施
・方針管理・品質保証・利益管理・受注管理

○方針管理の体制が整備された。 ○統計手法の活用が活発になった。 ○源流管理が不十分なため不良が 　減少しなかった。 ○利益管理, 受注管理のしくみが 　十分でなかった。	○部門間の協調活動が進んだ。 ○AGS活動が活発になった。 ○機能別管理において, 評価, ア 　クションがまだ不十分であった。	

TQC 推進の経過

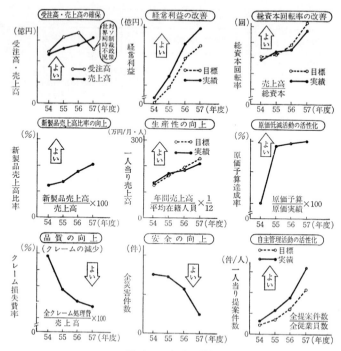

図 1.5 有形の効果

表 1.3 無形の効果

ねらい	無形の効果
製品・サービスの質の改善・維持	• マーケット・インの意識が定着した. • 各部門の役割認識と改善プロセスの重要性の認識が高まった. • 教育の重要性が再認識され,各種研修が活発になった.
業務の質の改善・向上	• データ(事実)を的確にとらえ,方策決定のための解析が進んだ. • データ(事実)についてのバラツキの考え方が定着した. •「管理＝PDCA を回す」の認識が行動として定着した.
総合力の結集	• AGS(ambitious goal seeking, 挑戦目標達成)活動が活発になり,全員で課題に挑戦する気風が生まれた. • 診断活動によりトップとボトムの活動がかみあってきた. • 部門間の競争と協調が実現し,SBU(strategic business unit, 戦略事業単位)体制が活性化した. • 自主管理活動が活性化し,レベルが向上した. • 全従業員の意欲が高まり,挑戦的目標に積極的にとり組むようになった.

1. 企業体質の強化

効果をあげることができたのである.

今後，ますます激化してくる企業間の競争，きびしい不透明な経済環境のなかで生きぬいて発展していくためには，外部環境の変化による諸問題に機敏かつ適切に効率よく対処し，さらに業績を向上・安定させていく企業体質の改善・強化が必要である.

TQC を導入・推進しさえすれば体質改善ができる，という安易な考え方は禁物であるが，日本製鋼所の例をみるまでもなく，TQC は強靱な企業体質をつくりあげるために効果的であり，有効な手段といえる.

2. 全員参加の経営

──社員の能力を全社的に結集し，最大限に発揮させること．

2.1 人間集団の形成と TQC

前述の QC の定義からもわかるように，QC を効果的に推進するためには，組織上のすべての部門の企業内のすべての人たちが参画し，行動し，英知を発揮することが必要である．すなわち，このような「全員参加の経営＝TQC」が行なわれなければ，QC は成功しないのである．

スイッチ，ロック類をはじめとする自動車用機能部品の専門メーカーである東海理化電機製作所の井村栄三社長（現相談役）[4-a] は，

『高度成長のひずみと体質の弱さを克服し，企業優良化をはかるには

① 全員参加の活動

② 全社全機能をあげての品質管理の実施

が必要であり，これを実行するには TQC 以外にないとの考えにいたり，

昭和 49 年に TQC の導入に踏みきった…』

といっている．

これは総力を結集し，明るい活力に満ちた合理的な人間集団を形成するため

には「全社全員の共通の科学的な考え方と手法」が必要であり，これには TQC がいちばん良いという強い信念によるものである．同社では，会社の品質を「業績」と「社風」の2つの特性でみている．

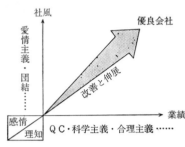

会社は，感情と理知をもった人間の集団である．この感情と理知が最高に燃焼し，きびしい科学主義と愛情路線のなかで明るく活力に満ちた，麗しい人間集団を形成することが理想であるとしている（図 2.1 参照）．

図 2.1 業績と社風

こうして社風線と業績線が成長・充実するとともに，交互に作用しあい統合しながら，そのなかで企業は改善・進展して優良化していくものだという考えのもとに，TQC を主軸とした経営の優良化活動を推進している．

東海理化電機製作所は，全社一丸となった TQC の実践が評価され，昭和 53 年度デミング賞実施賞を受賞している．

2.2 全員参加へのあの手この手

すべての企業活動は，人間によって営まれている．しかし，コンピュータ化が進み，ロボットが出現しても，それらをあつかうのは人間である．

これからの経営は全員参加による経営が必要であり，企業内のすべての人間の能力を最大限に発揮させることができたときに，その企業の将来は保証されるといっても過言ではない．

ところで，

"**全員参加**" とは，

- トップから部長，課長，係長，主任，組長，班長，社員までの各階層

が，

- 企画部，設計部，技術部，製造部，購買部，営業部から総務部までの全部門が，
- 全員参加して，QC をやる

ということであり，実際にはなかなかむずかしいことである.

全員参加を行なうとき，そこにはいろいろな障害が発生してくる．その障害に対してどのように対処すればよいのか，その対策について以下にのべてみる.

♥ 全員参加の阻害要因のつぶし方 ♥

(1) トップがリーダーシップをとらない場合.

これには，次の2つの場合が考えられる.

① トップが全員参加による QC を知らないか，無関心である.

② 口でやれやれというだけで，何もしない.

早稲田大学の池澤辰夫教授は，『品質管理べからず集』(日科技連出版社)のなかで，

『社長(もしくはナンバー2の実力者)がヤル気になっていなければ，TQCを導入するべからず——ナンバー3の実力者では駄目！』

といっている．トップがリーダーシップをとらないと，TQC はモノにならないのである．TQC の T はトップ(top)の T である，といわれるほどである．トップに関心がなく，トップにリーダーシップがない場合は，なんとかしてトップをひっぱりこみ，TQC の良さを説明し，納得してもらう以外に手はない．これは TQC 担当重役か，TQC 推進担当者の役割でもある.

トップをひっぱりこむには，

(1) 品質管理のセミナー(たとえば，重役特別コース，経営幹部特別コースなど，(財)日本科学技術連盟主催)に出てもらう

(2) 品質管理の大会(たとえば，トップ・マネジメント大会，部課長・ス
タッフ大会，QCサークル大会，(財)日本科学技術連盟主催)に出ても
らう

(3) 関連会社，納入先，あるいは購入先のトップから話をしてもらう

(4) QCサークルを導入し，社内大会を開き，QCの良さを知ってもらう

(5) モデル事業部やモデル工場でQCを実践し，効果をあげてみせる

(6) 社長にも出てもらって，QCの専門家にQC診断をしてもらう

などの手がある．

いずれにしても，トップの人柄や経営状態に応じて打つ手もかわってくる
が，まずいろいろな刺激を与えてみることである．

(2) 反対する重役や部長がいる場合.

TQCをやろうとすると，必ず重役や部課長のなかに反対者がいるものであ
る．

「そんなことをやれば受注が減る」

とか，

「そのような面倒なことをやって，何の役にたつのか」

といって反対する人がいる．そんなことをやらなくとも売上を伸ばし，新製品
の開発に貢献してきた人たちである．しかし時代もかわり，従来のやり方がそ
のまま通用することはまれである．その証拠に，売上や利益の伸び率は鈍化し
てきており，また反対する人たちはいまの仕事の質の悪さに気がついていない
のである．

そこで，反対する人たちには，まずQCの勉強をしてもらうことである．「経
営幹部特別コース」や「部課長コース」に出てもらってQCを学び，同時に他
社の幹部がどのような問題意識をもち，行動しようとしているかを知ってもら
うことである．また「QC診断」を実施し，事実とデータで現状の悪さ加減を
認識してもらうことである．

(3) TQC 推進者が悪い場合.

TQC の推進を担当する部署として，ふつう「TQC 推進室」とか「TQC 委員会」と称する組織を設けているところが多い.

これらの部門は，一般的に

 ① QC の調査・研究および開発

 ② TQC の計画および組織化

 ③ QC の教育および全社的普及

 ④ TQC の実施状況の審査および指導

などの業務を掌握しており，TQC 推進者の役割は重要である.

「TQC 推進部門の担当者に要求される性格」としては，次のようなものがあげられる.

(1) 人間関係がよく，説得力のあること.

(2) 企画力があり，頭が柔軟であること.

(3) ヤル気が旺盛で，自己啓発すること.

(4) 情熱家であること.

(5) 現場の経験があって，固有技術に明るいこと.

(6) 身体強健で，少々の無理に耐えられること.

(7) QC を理解していること.

これらの条件を備えた担当者を集めることは，なかなかむずかしいものである. とくに，このような能力をもった人は，その部門の中心的な存在であり，なかなか手放してはくれないからである. しかし，TQC 推進に対するトップの意欲が，人事を通じて具体的に示されることにもなるので，推進担当者として最適な人材をひき抜き，専念させることが重要である.

とくに，初めて本格的に TQC を推進しようとするときには，QC の知識が少なくても，ファイトと実行力のある人をもってくるべきである. QC に関する知識は，それから勉強しても十分に身につくものである.

⑷ **本社部門，営業部門などがついてこない場合.**

とかく，「ライン部門は熱心だが，本社部門や営業部門が TQC に抵抗を示す」ということがよくある．TQC を推進するには，全部門の全員の参加が必要である.

品質保証や新製品開発などは本社部門なしには進められず，長期計画・方針管理・製品企画・人材開発などの要所を握っているのが本社部門である.

また，いくら生産しても売れなかったり受注がとれなければ，生産部門の仕事はないのである．ことに販売・受注競争のきびしいいまの時代こそ，営業部門は大いに TQC に参画して欲しいものである.

参加をしぶっている部門に対しては，TQC を大上段に振りかざさずに，自部門の仕事の進め方を点検し，出てきた問題点を QC 的に改善し，管理していく活動を進めることである．この間に改善のやり方とか，管理のやり方とか，QC 手法の使い方をおぼえてもらい，QC の味を知ってもらうことである.

TQC を推進していく場合，いろいろな難問が出てくるものである．永年にわたって積もりに積もったホコリを，一気に吹きはらおうというのであるから当然である．しかし，すでにのべたような社内の敵をよい意味で味方にしなければ，決して全員参加は実現しないものである．いま各社で TQC を推進している熱心な重役や部長のなかには，かつてはアンチ QC が少なくなかったのである.

2.3 全員参加による TQC の進め方

全員参加による TQC を推進していくためには，次のステップが大切である.

♣ 全員参加による TQC の進め方 ♣

[第1ステップ] トップが TQC の導入を宣言する．

TQC のねらいを明確にして，トップが

「TQC を推進し，TQC で会社を優良化するんだ」

と宣言することにより，TQC に対するトップの基本的姿勢と決意と執念を表明する．

[第2ステップ] TQC の導入に着手する．

経営方針と全員の行動指針を明示して，TQC 活動に着手する．

QC を正しく理解するためにも，QC 教育は重要である．教育計画を立案し，確実に実行に移すことである．

[第3ステップ] 総点検を実施する．

仕事の質を向上させるためには，問題点をはっきりさせることが不可欠である．

"総点検" とは，

「すべての業務を全員で点検し，問題点を発見し，改善すべき点を明らかにすること.」

である．

各人が意識の革新を行ない，改善点はないかという問題意識をもって問題点を出し，自部門の問題と他部門の問題を整理してまとめることである（図2.2参照）.

もちろん，日常管理における問題だけでなく，方針管理に関する問題，すなわち策定した方針が達成されているかどうかの点検や方針を確実に達成するためのしくみについても点検する．

[第4ステップ] 全員参加で改善・管理活動を展開する．

全員参加で，経営課題，体質改善課題，総点検で摘出した問題点などについて，改善・管理活動を推進する．

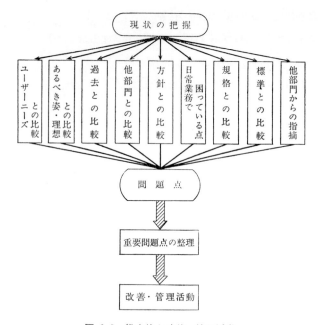

図 2.2 総点検と改善・管理活動

改善・管理活動の形態としては，
(1) 職制が中心となって日常活動としてとり組む
(2) QCチームやプロジェクトチームを組んで活動する
(3) QCサークルでとり組む

などがある．テーマの内容や大きさ，難易度，関係部門の範囲などを考慮して，もっとも適した形態を選ぶことである．

2.4 鹿島建設における意識革新と総力結集

鹿島建設㈱[1-b)]は，資本金383億余円(昭和59年現在)，全国主要都市に11支店をおき，従業員約16,000人，常時2,000余個所におよぶ工事現場が稼動して

2. 全員参加の経営　　27

いる大企業である.

　当社は 1840 年の創業以来, 土木, 建築の総合建設業として順調に発展してき
た. しかし, 石油ショック後の環境や情勢の激変によって, 新たな試練に見舞
われることになった.

　昭和 53 年 2 月, 石川六郎社長(現会長)は, 社長就任にあたって TQC の導入
を決意し, 「就任メッセージ」のなかで導入の目的と必要性をのべ, 社内に周
知した. その要旨は, 表 2.1 のとおりである.

表 2.1　鹿島建設における TQC 導入宣言

```
┌─────────( ＴＱＣ導入宣言とそのねらい )─────────┐
```

　私が社長として, 役員・社員諸君にまず求めたいのは, 一人一人の精神作興と,
これに裏付けられた総力の結集である.

　いまや世界全体が新たな試練に見舞われ, 国際的にも国内的にも多くの困難な
問題に直面しているが, 企業は, 国家や社会の重要な構成員として, 人間や社会
に対する責任を果たすという義務感をもって真摯に対処し, 自らの改善と改革と
によってその立場を確立し, 高めつつ, 新たな調和と発展への道を見いだしてい
かなければならない.

　当社は, 特に高度経済成長期に大きく発展し, 現在の安定の基礎を築き上げて
きたが, 新しい時代においては, 過去に蓄積してきた原理や原則を踏まえながら
も, 同時に新たな心構えと手段とをもって対応していくことが必要である. 社会
との間においても, 会社の中においても, 旧来の陋習を打破し, 暗い影や吹きだ
まりのない開かれた会社を造り上げるよう努力していかなければならない.

　我が社の新たな前進を具体的に実現していくためには, 経営のあらゆる部面に
わたる質の改善が是非とも必要である. ここにいう質とは, 単に量に対置される
意味での質ではなく, 量を支え, 量に転化していく積極的な意味における質であ
る.

　こうした目的をもって我が社の体質改善を実現していくために, 私は, 最良の
近代的経営管理手法であるＴＱＣの採用を提唱したい.

高度成長期に醸成された社内の気のゆるみ，おごり，甘えなどの悪い気風や制度上のいろいろなひずみによって，低成長期にはいってからは市場占有率・利益率の低下など企業経営上の重要問題点が表面化してきた．そこで，体質改善は，まず精神面の改革から対応する必要があるとの観点から石川社長はTQC導入を決意し，「精神作興と総力結集」を求めたのである．

精神を作興し，愛社心を高揚し，総力を結集して

「永続的繁栄の保証できる健全な企業体質づくり」

を基本方針として，体質改善のねらいを

① 精神作興(意識の革新)

② 科学的管理の定着

③ これらを基盤とする企業戦力の強化拡充

に置き，表2.2に示すような全員参加のTQC活動を推進してきた．

表 2.2 TQC 推進の経過

時　期	昭和53年度	昭和54～55年度	昭和56年度～
ね　ら　い	新しい管理体制を求めて.	質的向上を目指して.	質重視の長期経営計画を基軸として.
各時期の活動の重点	● TQC思想の啓蒙. ● TQC推進基盤の整備.	● TQC教育・QCグループ活動による精神作興とQC手法の習得. ● 品質管理の充実と業務のQC的改善. ● 方針管理を主軸とした部門別管理の充実.	● TQCの目的的展開. ● 品質保証体制の改善・強化. ● 総合力の発揮できる総合的管理体制の整備.

その結果，昭和57年にはTQC導入前(52年)にくらべて受注高・施工高において1.7倍，売上高・経常利益は1.6倍になり，品質の向上，生産性の向上，安全の向上，原価の低減，その他種々の総合効果をあげるとともに，次のような全員参加による無形の効果(抜すい)をあげることができたのである．

2. 全員参加の経営

(1) 相手の立場にたって考え，後工程の声に耳を傾ける姿勢が徹底し，社内のコミュニケーションがよくなった．

(2) 職場第一線の声がとりあげられ，方針が明確に打ち出されるようになったので意欲が喚起され，率直な意見が積極的に出るようになった．

(3) 己の立場・責任を自覚し，真の問題点は何かを真剣に考えるようになった．

(4) 全員参加の活動の過程で隠れた人材の発掘が進み，また人材育成の基盤が整備されてきた．

3. 品 質 第 一

——品質優位による利益確保を目指すこと.

3.1 品質優位による利益追求

　企業の発展にとって利益の確保は必須の要件であるが，それは「品質優位による利益の追求」を基本にしなければならない.

　品質が劣っていても安ければ売れ，高くても品質が良ければ売れるということも一時的にはあるが，やはり「品質がよくて価格も手頃である」というのでなければ永続きしない.

　アメリカの雑誌『ビジネス・ウィーク(*Business Week*)』の特集「日本的品質管理を追うアメリカ企業(American manufacturers strive for quality-Japanese style)」(1979年 3 月12日号)[5]においても，品質管理についてのわが国とアメリカの差の 1 つに，わが国の品質追求の努力をあげている.

　この特集は，ICQC '78-TOKYO(品質管理国際会議，1978年，東京)で発表されたジュラン博士の論文にもとづいて，その実態を各産業責任者のコメントで補足しつつ，まとめたものである.

　内容は，わが国とアメリカ産業界の製品品質に対するとり組み方について比

較し，かつては世界のリーダーとして，かつわが国の師匠筋にあたるアメリカの奮起を促したもので，わが国のメーカーにとってもセンセーショナルなものであった．

品質管理についてのわが国とアメリカとのアプローチ，具体的実施面について，各界の代表者の言葉を借りて比較を行なっているが，その主なものをまとめてみると，次のようになる．

(1) 経営者の経営方針——アメリカでは，欠陥対策を主題に短期的計画に走ることが多いが，日本は欠陥の未然防止をはかるために長期計画をたてて実施している．

(2) 企業経営の背景——日本は品質を中心とする経営計画であるのに対して，アメリカはマーケッティングおよび財務面が中心となっている．

(3) 投資家，株主の考え方——アメリカでは，短期的(四半期ごと)な利益向上，利益確保に関心が強い．したがって，品質向上に関する長期計画を阻害させるのに対し，日本では短期の利潤追求よりは安定した堅実な成長を追求している．

図 3.1 『ビジネス・ウィーク』誌の日本特集の表紙

(4) 従業員教育——アメリカでは，従業員教育への投資効果については疑問視しているが，日本ではよい品質をつくる人を教育する重要性を認識し，実行している．

(5) 不具合品に対する概念——アメリカでは，製品は原則として

ある頻度で不具合を発生するものと想定しているのに対し，日本では製品の不具合の発生は恥と考え，1個の部品の機能を高め，部品点数を減らし，不良品の減少をはかっている．

(6) 供給業者の選定──アメリカでは，契約後の人的エラーはやむをえないという考えで，AQL(合格品質水準)を設定している．日本では，よい品質をつくりうる工程をもっているかどうかをチェックし，完全な製品を納入できる業者を育成している．

以上が,『ビジネス・ウィーク』誌の内容の概要である．

その後，アメリカではフォード自動車，ヒューレット・パッカード社，ゼロックス社など，日本的QCを導入・推進する企業が増え，ポテンシャルの高い品質管理を目指して展開しつつある．

3.2 品質第一とは

「品質第一」とは，どういう意味をもっているのであろうか．

"品質第一" とは，

　「売上増大よりも，原価低減よりも，能率向上よりも，品質を第一にとりあげ，品質の向上を優先させていく.」

という考え方である．

　この「品質第一」という考え方は，口でいうことは簡単であるが，実際にはなかなかむずかしいことである．

　社是や社訓のなかに，品質第一をうたっている会社は多い．しかし，売上の増大や利益の確保への努力にくらべて品質への努力は，はたして第一といってよいであろうか．

　品質第一といっておきながら，製造品質や設計品質の確保は他人事で，品質保証には力を注がず，受注活動やコストダウンにばかり熱中している会社もあ

る．こういう会社は，重大な市場クレームを出して顧客に迷惑をかけたり，手直しに莫大な費用をかけたりして，いつのまにか大事な顧客を失うことになる．とくにこのような会社では，品質が悪いことや多大の失敗の損害を生じていることに気がついていないことが多い．図3.2に示すように，品質に関する総損失は無視できないものである．この総損失金額が，総売上高の2％を超えるようだと重大問題である．

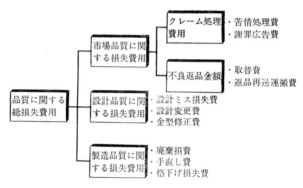

図 3.2 品質トラブルによる損失費用

いまだに，品質をよくするとコストアップになり，利益が減ると思っている人もいる．しかし，これは大きな誤りである．本当に良い品質のものができると商品はよく売れ，不良や欠点は減少し，手直しやスクラップは激減し，これによって信用が増し，売上高の増大と大幅なコストダウンに結びつくのである．利益確保の源泉——それは「品質第一」にあるといってよいであろう．

ここで，「品質」という言葉について説明しておこう．従来，品質とは「規格に対する適合度である」と考えられてきた．しかし，近年の需要の停滞，市場要求の多様化・高度化，市場競争の激化により，消費者指向の品質が要求されるようになった．

すなわち，

(1) 「**市場品質**」，つまり市場の潜在的要求，顕在的要求を調査・分析して把

3. 品 質 第 一

握し,

(2) 「**設計品質**」(消費者の要求する品質を品質特性に変換し, 製品規格に規定したものを「設計品質」といい,「ねらいの品質」ともよばれる)を定め,

(3) 製造段階において, その規格に対する「**適合品質**」(設計品質をねらって製造した製品の実際の品質のことを「適合品質」といい,「できばえの品質」とか「合致の品質」ともいう)を実現することによって,

(4) 「**当り前の品質**」(不良や欠点がなく製品の機能を普通に発揮する商品)だけでなく,「**魅力的品質**」(買って喜んでもらえる独創性のある, 品質の保証された満足度の高い商品)をつくり出していく,

ことが必要である.

「品質第一」を実現するためには, 次のことが行なわれなければならない.

▼ 「品質第一」達成の10方策 ▼

(1) **市場を調査**し, 消費者が望んでおり, 売れる品質とはなにかの情報を把握して, 解析する.

(2) ユーザーニーズを掘り起こし, 新しい需要を生み出す市場創造型の**製品を企画**する.

(3) ニーズ分析にもとづくネライの品質を決め, 設計目標を達成する**製品を開発**する.

(4) 企画・設計された品質を生産工程でつくりこむための製造標準を決め, **工程設計**を行なう.

(5) 企画・設計・量産試作の各段階で**トラブル予測**を確実に行ない, 後工程で起こりそうなトラブルを未然に防止する.

(6) 重要品質特性について工程能力の把握を行ない, 工程の**管理・改善**を行なう.

(7) 品質の評価を行ない, 悪い品質の品物やロットを後工程に流さないよう

に試験・検査を行なう.

(8) サービス体制の充実を行ない，**クレーム処理を迅速・的確に行なう.**

(9) 発生したトラブルの原因は，源流段階へさかのぼって追求し，**品質保証体制を充実する.**

(10) 各種品質問題については，**QC手法**を有効に活用して真の要因を追求し，解決をはかり，歯止めとしての標準化を徹底する.

3.3 アイシングループにおける品質至上の経営

経営理念に品質第一をうたっている会社は多い.たとえば，

- ●「品質至上」──アイシン精機などアイシングループ
- ●「品質第一で社会に貢献」──京三電機
- ●「より良き品質を追求し，豊かな環境の創造を通じて社会に貢献する」──清水建設
- ●「優秀な商品を生産し，供給する」──小林コーセー

など，数多くある.

モータリゼーションの飛躍的進展とともに，自動車用部品や化学製品の製造メーカーとして成長・発展を遂げてきた会社に，アイシングループがある.

表3.1に示すように，アイシン精機を中心として分野の異なる製造業6社と販売業1社の計7社でグループを形成している.

当グループは，「品質至上」(図3.3[1-b] 参照)の経営理念のもとに積極的にTQCを導入し，要求品質の高度化・多様化および販売競争の激化などに対応し，強力な体質改善活動の展開と実績の積み上げをはかっている.

アイシングループ各社の会長をつとめている豊田稔氏は，『*QUALITY COMPANY*──品質至上の経営とその実践』[4-b] において，次のようにのべている(図3.3参照).

3. 品質第一

表 3.1 アイシングループ各社の概要　　（昭和59年現在）

	従業員数	営業品目	デミング賞受賞年	日本品質管理賞受賞年
アイシン精機株式会社	8,200名	自動車部品，家庭用機器製造	1972年	1977年
高丘工業株式会社	2,000	自動車用鋳造部品製造	1980年	—
アイシン化工株式会社	550	化学製品製造	1982年	—
アイシン・ワーナー株式会社	2,350	自動車部品，自動変速機製造	1977年	1982年
アイシン販売株式会社	42	家庭用機器販売	—	—
アイシン軽金属株式会社	700	アルミダイカスト製品製造	1983年	—
新和工業株式会社	650	自動車部品製造	1982年	—
グループ総計	14,492			

『私の経営者としての生活のなかで，アイシン精機，アイシン・ワーナーは，激変する企業環境のなかにあって幾多の困難に直面してきました．私はそのつど，科学的管理体制の強化，品質保証，新製品開発，安全環境など時勢に即した方針を打ち出し，これらの難局を打開してきました．

これらの方針の根底には，つねに「**品質至上**」の理念が貫ぬかれています．これが，私の経営に対する基本的な考え方になっています．すなわち，私は自動車の安全問題，排ガス規制，省資源などの諸問題が台頭するなかで，これらの問題にいかに対応し，企業として永劫の発展が約束さ

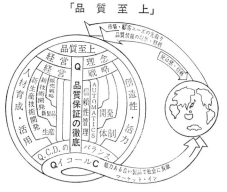

（品質至上の概念図）

品質保証の徹底があってこそ
- お客の満足を達成する．
- 人々の幸福を達成する．
- 企業の発展を達成する．

図 3.3　アイシン・ワーナーの経営理念

れるカギは何であるかを，たえず求めつづけてきました．

　私は海外に出るたびに，「日本車はなぜ売れるのだろう，売れる原因は何か」と，その原因を探求してきましたが，どこのディーラーにいっても「日本車は絶対に品質が良い，品質が良いから売れるんだ」という声を耳にしました．

　私どもの取引会社であるボルボ社の社長は，「当社は世界各国から部品を集めて組んでいるので，コストが少しくらい安くても，品質が悪いのではどうにもならない．だから，品質至上主義でいかないとだめだ」と申していました．まさにそのとおりで，社会にうけいれられる品質のつくりこみこそ，企業存立の絶対要件であるとしみじみ感じています．

　私は，最初から品質に徹していけばコスト・納期は結果として当然出てくるので，これが自然でいちばんムダのない方法であると考えています．

　私は，この品質至上の理念のもとに，人類の繁栄と社会への貢献のために企業の夢とロマンを追い求め，次の2つをねらいとしてたえず技術の研鑽と管理のレベルアップをはかっています．すなわち，社会にうけいれられる品質の商品を提供していくために，

　　① 市場ニーズを先取りして，つねに新しい需要を創造する新技術の開発．
　　② 管理レベルのいっそうの向上に努め，つねに問題意識をもって経営効率の極限に挑戦．

　こうした技術と管理は，企業の将来の発展への原動力であると考えています．

　アイシンの設立以来，技術面では産学共同による研究開発の促進など，積極的な技術開発体制の強化策の展開によって，めざましいレベルの向上をみることができました．しかし管理の面をみますと，技術の面よりややおくれていましたので，レベルアップの必要性を強く感じたわけです．

3. 品質第一

　私は，技術が急速なテンポで進歩していくように，管理の面もこれらの技術・企業環境に即応しながら進歩していかねばならないと思うのです．この技術と管理の歯車が同じレベルで互いに円滑にからみあってこそ健全な経営ができるのであり，将来の企業の発展につながると考えています．

　私は，このようなことから割り出してみると，経営は5年を節にして一つのビジョンをもちながら体質を改善していかねばならないのだと感じています．だから，D賞(デミング賞実施賞)とかN賞(日本品質管理賞)とかはビジョン達成の手段として活用し，5年ごとに時流にあったテーマを目標に掲げて，適切な管理方法をとっていく必要があるのではないでしょうか．

　私は，企業が存続するかぎり，これは当然実施すべきであるとの考え方に徹し，5年ごとにビジョンを出して経営を行なっています．このようにビジョンを掲げその目標を達成していくには，TQCにより全社一丸となってQC的な考え方に徹していくことが，もっとも適切な方法であると確信しています．

　私は，QC的な考え方にもとづいて，製品品質をはじめ品質をつくりだしている経営の諸機能が，十分管理されるように努めてきました．

　私は，このような経営のあり方を**品質経営**であるとし，QC的な考え方で十分経営されている会社を **QUALITY　COMPANY** と称しています．』

　アイシングループの TQC の推進状況を示す例として，アイシン軽金属の TQC 推進の経過[1-a]を，図3.4に示しておく．

　当社は，自動車部品を主体とした各種アルミ製品のダイカスト専門メーカーであり，従業員700名，売上高148億余円(昭和58年度)の中小企業であり，昭和58年度デミング賞実施賞中小企業賞を受賞している．

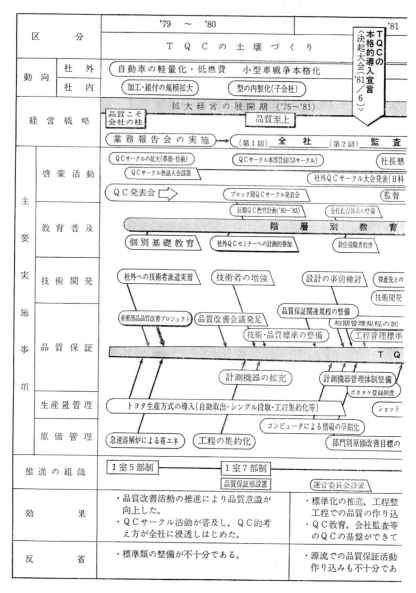

図 3.4 アイシン軽金属における

3. 品質第一

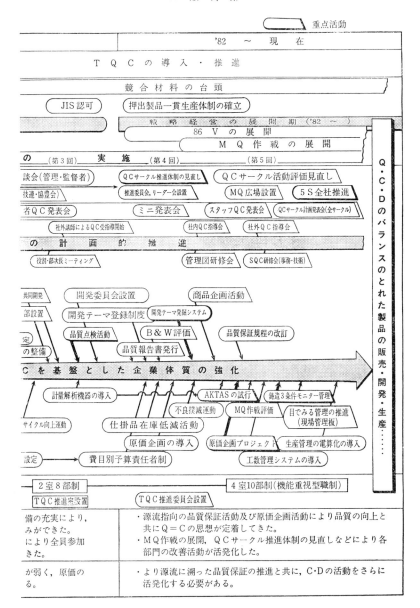

TQC推進の経過

4. PDCA のサイクル

——管理のサイクルを徹底して回すこと.

4.1 管 理 と は

「管理」という言葉は，いろいろなことにもちいられている．品質管理，原価管理，生産量管理，安全管理，販売管理，人事管理，外注管理，工期管理など，いくらでもあげることができる．

『広辞苑』(岩波書店)によれば，

「管理とは，管轄し処理すること.」

と記述されているが，一般には

「良いねらいを定めて，そのねらいどおりになるようにすること.」

といえる.

管理という言葉の語源を調べてみると，

(1) 「管」——管という字は，「竹」と「官」という2文字から構成されている．つまり，ところどころに「節(ふし)」があることを意味する．

つまり，「要所に区切りをつけること」を指している.

(2) 「理」——「王」と「里」という2文字から構成されている．里(さと)は，

田と土からなっている．すなわち，里には家があり，家から家へは田や土を通して道が通じている．つまり，「筋道のとおっていること」を意味している．王は，三とタテの線とからなっている．三つは多数の意味であり，タテの線はこれを通してつないだ紐である．これらから，「理」は「多くの物事や要因の筋道」を指している．

「管理」という言葉は，その語源から

「物事を行なうさいには，要所要所で節(区切り)をつけ，多くの要因を考慮したうえで，筋を通していくこと．」

と，解釈できる．

管理というと，すぐに強制とか束縛というイメージを思い浮かべるが，そうではない．

ジュラン博士は，

「管理とは，計画(標準)を設定し，これを達成するためのすべての活動の全体である．」

とのべている．

以上から，

"**管理**"とは，

「ある目的を合理的・効率的に達成するために必要なすべての活動で，PDCAを確実に回すことを基本とする．」

といえる．

この管理(広義)の活動には，次の2つがある(図4.1参照)．

第1は「**維持の活動**」で，標準どおりに仕事をして，その結果が希望どおりになっているかどうかをチェックし，もし希望どおりになっていなければ必要な処

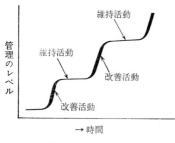

図 4.1 管 理 活 動

置をとっていくものである.

第2は「**改善の活動**」で,品質向上や原価低減などをとらえ,目標を現在の水準よりも良いところに置き,これを達成する計画をたてて実行し,その結果を随時把握しながら,目標を達成するために必要な処置をとっていくものである.

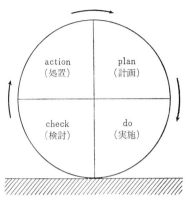

図 4.2 PDCA のサイクル

4.2 PDCA のサイクルとは

維持の活動または改善の活動のいずれの場合であっても,図4.2に示す **PDCA** のサイクル,つまり

 plan(計画)→do(実施)→check(検討)→action(処置)

をくりかえしていくことが大切である.この PDCA を回すことが管理であるということから,これを「**PDCA のサイクル**」または「**管理のサイクル**」とか「**管理のサークル**」とよんでいる.

この4つのステップを,もう少し詳しく説明しておこう.

♣ PDCA のサイクル ♣

[**第1ステップ**] 計画をたてる(plan, プラン).

 計画をたてるにあたっては,

  ① 目的を明確にし,品質特性(管理項目)を決める

  ② 目標値を定める

  ③ 目標を達成する方法を決める

の3つが重要である.

[**第2ステップ**] 実施する(do, ドゥ).

46

このステップを細分化すると，

① 仕事のやり方を教育・訓練する

② 実施する

③ 決められたやり方で品質特性についてデータをとる

となる．

［第3ステップ］ 検討する(check, チェック)．

活動状況および結果を調べ，評価し，確認するステップである．

① 標準どおりの作業が行なわれたかどうかを調べる．

② いろいろな測定値や試験の結果が基準とあっているかどうかを調べる．

③ 品質特性が目標値(ねらいの値)とあっているかどうかを調べる．

［第4ステップ］ 処置する(action, アクション)．

第3ステップで調べた結果にもとづいて処置をとる．

① 作業の標準からはずれていれば，標準どおりになるように修正の処置をとる．

② 異常な結果が認められたならば，その原因を調べて再発防止の処置をとる．

③ 仕事のしくみややり方をより良くするように改める．

以上，4つのステップを確実に回していくことが大切である．

従来から plan-do-see という言葉があるが，see という単語は「見る」という意味に解されるので，「やった結果を眺める」ということにしかならない．QC では，この see という言葉を check と action の2つの機能に分けたところに大きな意義がある．

ともすれば，PDCA の4つのステップのうち do だけに終始しがちとなる．目先のことにのみ追われて行動したのでは，良い結果はえられない．周到な

plan, 結果に対する check とそれによる action が，QC ではとくに強調されるのである．

「PDCA を確実に回して，反省・処置することによって，次回からの仕事のやり方のレベルを一段と向上させること．」
を，"スパイラルアップ" という (図 4.3 参照)．

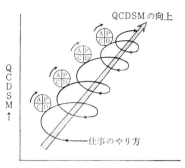

図 4.3 スパイラルアップ

4.3 工程管理の PDCA

工場で物をつくるには，工程管理をしっかり行なわなければならない．

工程管理における PDCA のチェックポイントを示すと，表 4.1 のようになる．

自己または職制でチェックし，職場の管理活動の充実に活用されたい．

4.4 建築施工における品質確保のための PDCA

K 建設会社では，従来から工程管理の不具合から手直しが発生し，多額の出費を要することがあった．TQC 導入以後 PDCA を回し，工程管理の充実をはかり，後工程への良い品質の確実なひき継ぎができるようになった．

その事例を，図 4.4 に示す．

表 4.1　工程管理における PDCA のチェックポイント

ステップ	チェックポイント
plan	① 顧客の望んでいる真の品質特性を把握しているか？ ② 品質と4M(機械，人，材料，作業方法)との関係は明確になっているか？ ③ 標準書(作業標準書，技術標準書，QC工程表など)は，制定されているか？ ④ 標準書は，正しく理解しているか？ ⑤ 標準書の制定，改訂，管理の手続きは決まっているか？ ⑥ 作業標準は，技術部，品質保証部の担当者や部下の意見をとりいれて検討しているか？ ⑦ 作業標準には，むりなく実施できる作業方法や勘どころ，注意事項などが織りこまれているか？ ⑧ 設備，治工具，計測器などのとり扱い方法は決められているか？ ⑨ 異常のときの処置の仕方，連絡先が決まっているか？ ⑩ 作業標準の内容や標準作業の意義を十分教育・訓練しているか？
do	① 確実に，標準どおりに作業を実施しているか？ ② 標準どおりの材料，機械，治工具，計測器などを与えているか？ ③ 作業者の能力，適性を考えた作業の割当，配置になっているか？ ④ 照明，換気，温度は適切か？
check	① 指示どおり作業が行なわれているか？ ② チェックシート，管理図など，QC手法を活用してチェックしているか？ ③ 結果だけでなく，原因系についてもチェックしているか？ ④ 監督者は，定期的に現場を巡回しているか？
action	① 異常を判定する基準は，明確になっているか？ ② 異常が発見された場合，連絡先，連絡方法，処置担当者，責任者は決められているか？ ③ 工程異常に対し，処置は早くとられているか？ ④ 異常原因の追求は十分か？ ⑤ 再発防止の策は打たれているか？ ⑥ 未然防止の策はたてられているか？ ⑦ フールプルーフ，バカヨケ対策はとられているか？ ⑧ 製品に対する処置と工程に対する処置に分けて処置しているか？ ⑨ 処置内容が他に悪い影響を与えていないか？ ⑩ 標準を改訂し，処置の歯止めをしているか？

4. PDCAのサイクル

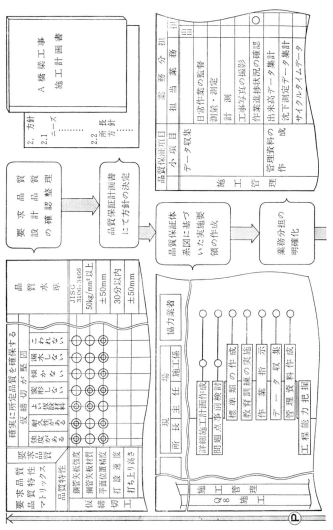

図 4.4 橋梁工事における工程管理の PDCA 活動

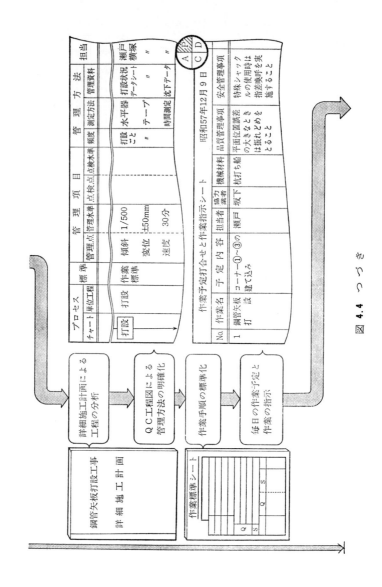

図 4.4 つづき

4. PDCA のサイクル

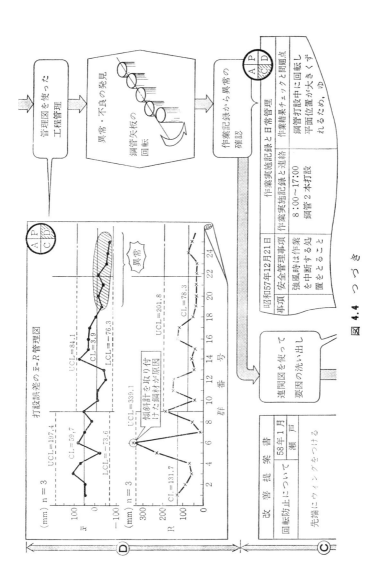

図 4.4 つづき

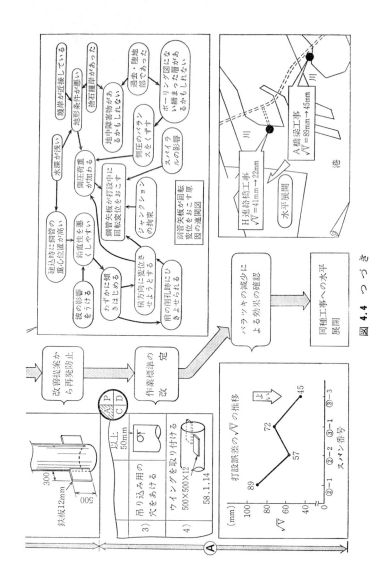

図 4.4 つづき

5. 重 点 指 向

——重点問題を設定し，徹底的に攻撃すること．

5.1　重点指向とは

　職場には，たくさんの問題がある．仕事の結果をばらつかせている原因は，無数にある．そのなかから，処置しなければならないものをとりあげて，解決していくことが重要である．

　しかし，かぎられた費用，期間，人員などのもとで，すべての要因に手を打つことは不可能であるし，また効率的ではない．

　そこで，結果に大きな影響を与えている原因を追求し，それに対して処置していくことが大事である．つまり，多数軽微項目(trivial many)よりも少数重点項目(vital few)を選んで，これを退治することが大切である．

　"重点指向" とは，

　　「改善効果の大きい重点問題に着目する．」

という考え方で，

　(1)　問題がいろいろあっても，本当に重要な問題はごくわずかである．

　(2)　重点問題をとりあげて解決すれば，同じ改善努力でも効果は大きい．

54

ということによる.

5.2 重点問題の定義

重点指向のためには，重点問題を設定し，これに的をしぼって攻撃することが大切である.

"問題点" とは，

「あるべき状態・目標と現状とのギャップ(差).」
をいい，具体的には次のようなものをいう.

♥ 重点問題とは ♥

(1) 目標達成にあたって，解決による効果の高いと思われる要因項目，対策項目，テーマなど.

(2) 上位目標から割りつけられた目標のうち，重点とすべき項目.

(3) 今後の企業体質の強化のために改善・解決すべきと思われる項目.

(4) 経営に関する目標を達成するにあたっての阻害要因.

(5) 目標達成のために，とくに改善・解決すべきと思われるトラブル事項.

これらの問題のなかから重点問題をしぼり，問題解決をはかることにより，次のような**効果**が期待できる.

(1) 経営上の目標を達成するための真に重点とすべき問題点を明らかにすることにより，経営目標の確実かつ効率的な達成を促進する.

(2) 重点問題についてQC的問題解決を進めることにより，効率的な問題解決の仕方，仕事の改善の進め方がうまくなり，実務に定着する.

(3) 本社，事業部，工場など関連部門が協力して重点問題の解決にあたることにより，部門間の有機的なつながりがより緊密となる.

5.3 重点問題の設定の仕方

品質や利益の向上をはかり,長期的観点にたった企業体質の改善を効率的に進めていくためには,重点指向が大切である.

重点指向のためには,重点問題が設定されなければならない.そして,この重点問題について全員が力をあわせて,QC手法を積極的に活用し,効果的に問題解決を進めていくことが必要である.

次に,重点問題の設定の仕方についてのべてみる(図5.1参照).

▼ 重点問題設定の手順 ▼

[第1ステップ] 現状の問題点をリストアップする.

現行自社製品と競合製品とを比較し,性能面・価格面などについて分析し,問題点・課題を明らかにする.方針管理については,前期重点問題の推進状況,実績に関する反省にもとづいて問題点を明らかにする.また,仕事の仕方,しくみ,プロセスについて,総点検と反省をすることが大切である.

[第2ステップ] 指示事項,希望点をリストアップする.

トップ,事業部長など,上位者の指示や要望事項を明らかにするととも

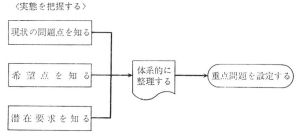

図 5.1 重点問題設定の手順

に，市場・ユーザー・協力会社などの要望を把握し，希望点を明らかにする．

［第3ステップ］　潜在的な要望事項をリストアップする．

他社や他部門の良いやり方，新製品，新技術，新方式，シェア，売上高などについて参考となる事項をつかむ．そして，製品・サービスなどについてのニーズの変化，時流動向，未来動向など環境の変化を予測し，新しい需要を創造できるシーズ(種)を顕在化させる．

［第4ステップ］　問題点・希望点を体系的に整理する．

ステップ1～3でリストアップした問題点や希望点を列挙し，要求品質展開表，系統図などをもちいて体系的にまとめる．

［第5ステップ］　重点問題を設定する．

整理した各問題点・希望点について要求の強さ，効果，可能性，難易度などを考慮して重要度づけを行ない，重点問題を設定する．ここでは，マトリックス図を活用するとよい．

重点問題については，その要求度などの情報にもとづいて，あるべき状態，開発目標を設定しておく．

"開発目標" とは，

「新商品，新技術，新システム，新販路の開発または現状水準の大幅向上のための①ねらい，②目標値，③達成すべき状態，④達成期限をいう．」
重点問題を設定する場合のポイントは，次のとおりである．

♈ 重点問題設定のポイント ♈

(1)　業績(販売高，利益高など)に大きく貢献するもの．

(2)　改善の余地の大きいもの．

(3)　現状と目標値とのギャップ(差)の大きいもの．

(4)　適用される数量，分野，部門が多く，波及効果の大きいもの．

(5)　現状打破を志向した挑戦的なもの．

5. 重点指向

(6) トラブルが多発しているもの，悪化傾向を示しているもの.

(7) 将来的観点にたった体質改善に役立つもの.

(8) 必要工数，期間，投資額などの面からみて，相当な努力をしたら解決できるもの.

(9) トップ方針に関連づけられているもの.

(10) 改善に対するトップの欲求のレベル，関心が強いもの.

5.4 重点指向によるヒット商品(コンパクトカメラの事例)

個別商品のライフサイクルが短くなり，さまざまな需要への対応をせまられる現代において，そのなかにキラリと光るヒット商品も少なくない. 最近でも，

- 厚さ0.8 mm，縦5 cm，横7 cm の超薄型，超小型電卓「SL-800」(カシオ計算機)
- ズームの倍・縮小率が無段階で，原稿の大きさを検知するオート用紙選択機能のついた自動ズーム普通紙複写機「EP 450 Z」(ミノルタ)
- 効果の持続性が目でわかり，買替え時期が明確となった冷蔵庫用脱臭剤「ニオイのみはり番」(積水化学)
- 石けん剃り，水洗いできるW&D(ウエット&ドライ)電気カミソリ「ES 862」(松下電工)

などがあげられる.

これらの商品は，いずれも市場の要求品質を的確に把握し，コンセプトの検証を行なうと同時に，重点問題を明確にして成功したものである.

新製品開発における重点指向の好事例として，少し旧聞になるが小西六写真工業におけるコンパクトカメラ「コニカ C-35 EF」の事例[6]を紹介しよう.

小西六写真工業では，ファミリー写真家にもう少し容易に，かつ安定した品

質が供給できるようなカメラの開発を計画した.

調査の結果,

(1) 最近, 電気シャッターが採用されはじめ, 長時間露出が可能になり, 比較的暗い場所でも適正露出をえられるようになったが, カメラブレが多く, 満足されるような写真が少ない

(2) フラッシュバルブまたはストロボを使用した場合は, ほとんど満足される写真をえられるが, 操作がむずかしいと思われている場合が多い. 加えて, ストロボをもち歩くことを面倒がって使用しない

(3) 昼間に屋外で撮る場合は, 非常に明るいので, シャッターの絞りが小絞りになり, 被写界深度が深く, 距離合わせ精度はあまり重要視しなくても, 問題になるようなピンボケ写真はできない. また, 初心者ほど距離計による距離合わせがむずかしいと思っている

(4) フィルムの装填は, 案外面倒がってカメラ店でいれてもらう人が多い

などが浮き彫りになった.

したがって, これからの新製品はこれらの問題を解決することによって, かなりのユーザーに満足されるのではないか, という結論に達した.

以上により, 設計目標の重点を下記においた.

(1) 普通のコンパクトカメラに普通のストロボ相当を内蔵する.

(2) 軽量コンパクトは必須条件であるから, 大きさはコンパクトカメラの域をはずれないこと.

(3) 価格は,「カメラ+ストロボ」以下のこと.

ここでは, (3)の目標はかなり困難なことと思われたが, この製品を大ヒットさせるためには, この程度の思いきった目標が設計段階から必要と判断し, 関係者全員に徹底させた.

開発にあたっては, 技術的に克服しなければならない多くの問題が山積していたが, 開発の重点問題が明確であったので, これらの問題の対策をつぎつぎ

5. 重点指向

と打った.

　従来のカメラと比較して，その主な変更点は

(1) ストロボを内蔵し，ワンタッチでストロボ撮影を可能にした.

(2) 距離計を廃止し，目測で誰でもあわせやすいゾーンフォーカス式とした.

(3) 使用頻度が少なく，三脚などの使用を必要とするセルフタイマーを廃止した.

(4) 一般には，シャッターの速度は 1/125 秒で十分であり，暗ければストロボを使用するので，低速シャッターも不要であるから，1/60 秒と 1/125 秒の 2 速のみを有するシャッターを自社開発でつくることにした.

(5) ストロボ電源の切り忘れを防止するため，ストロボ使用時だけスイッチのはいるポップアップ式を採用した.

　以上の結果，従来品のカメラ C-35 とストロボ X-14 にくらべて，新製品「コニカ C-35 EF」は

(1) 部品点数　　528点　　→444点　　16％減
(2) 重　　量　　510 g　　→375 g　　26％減
(3) サ イ ズ　　540 cm³　→495 cm³　8％減
(4) 価　　格　　32,200円　→31,800円　400円減

となった.

　このようにして製品化されたストロボ内蔵カメラ「C-35 EF」は，発売以来爆発的な売れゆきを示し，当初月産 8 千台を予定していたが約 1 年後には月産 3 万 5 千台を超え，まもなく月産 5 万台ラインに達した．その結果，今日のストロボ内蔵カメラの普及とファミリー写真家の増大を促進したのである（図 5.2 参照）.

　開発目標を重点指向で設定したことが，成功の一大要因であったといえよう.

図 5.2　ストロボ内蔵のコンパクトカメラ

6. ファクト・コントロール

——事実にもとづいて，データでものをいうこと.

6.1 ファクト・コントロールとは

　品質管理の真髄は，科学的管理方法にある．したがって，これを実行するにはたえず科学的なものの見方と，科学的な根拠にもとづいた行動が必要である．科学的であるには，「事実による裏づけがハッキリしている」ことが大切である.

　品質管理においては，いろいろな判断をできるだけ事実にもとづいて行なおうとしている．この事実でものをいう，つまり事実によって管理していくことを「ファクト・コントロール(fact control, 事実による管理)」とよんでいる.

　"ファクト・コントロール"とは，

　　　「経験や勘に頼るのではなく，データや事実にもとづいて管理すること.」
をいう.

　事実にもとづくためには，主観的内容を客観化しなければならない．つまり，事実をデータで定量化することが必要である.

　もちろん，仕事をするには勘も経験も必要である．経験がなければデータを

とる場合でも，どのようなデータをとればよいのか，どのように層別すればよいのかわからないし，不良の撲滅をテーマにとりあげても何に目をつけたらよいのか見当もつかない．しかし，すべてを KKD（経験と勘と度胸）だけにたよって行動することは，非常に危険である．

われわれが正しい行動をとるにさいしては，つねに事実を的確に把握することが大切である．事実にもとづくということは，データによるということである．データをとって，これを整理してみると，従来のやり方では気がつかなかった事実が発見されたり，経験的におぼろげに推察していたことがはっきりと証明されたりして，効果に結びつく良い対策をとることができる．

ただし，ここで留意すべきことは，QC では KKD をまったく否定しているわけではない．むしろ，KKD は QC を進めるうえで，たいへん重要な要素と考えられている．

すなわち，問題点の摘出，要因の拾い出し，アイデアの抽出などの段階では，KKD は欠くことのできないものである．とくに特性要因図をもちいて，特性に関係するすべての要因を拾い出し，体系化するには，深い経験をもっていなければどうにもならない．

ただし，KKD だけにたよりすぎると，

- 事実も調べないで，ああでもない，こうでもないと議論ばかりで，まとまりがつかない
- 結論をまとめる段階になって，事実をつかんでいないと，どうしても役職の上位者の意見や声の大きい人の説に集約されてしまう
- もう状況がかわっているのに，昔の古いやり方や間違ったやり方を採用してしまう
- 試行錯誤のくりかえしが多くなる

といった弊害が生じやすい．

事実をつかむためには，次のことが大切である．

❖ 事実のつかみ方 ❖

[手順1] 現場，現物をよく観察する．

[手順2] 特性を決める．

[手順3] データをとる目的を明確にする．

[手順4] 正しいデータをとる．

[手順5] 統計的方法を活用して，しっかり解析する．

[手順6] 考察し，正しい情報をうる．

6.2　品質特性とは

　製品や半製品の一部からサンプルをとって測定したり，お客さんからアンケートをとって調査をしているのは，これらのデータにもとづいて製品や半製品，あるいは顧客全体の集団のことを知り，これに対して処置(アクション)をとるためである．

　われわれがQCを実施するさいに，

- 「データから情報をえて処置行動をとろうとする調査・研究の対象全体のこと」を——"母集団"
- 「母集団からその特性を調べる目的をもってとったもの」を——"サンプル"

とよんでいる．サンプルは，「試料」または「標本」とよばれる．

　われわれがデータをとるのは，サンプルについての情報をうるためではなく，サンプルを観測してえられたデータによってもとの母集団についての情報をえて，もとの母集団に対して処置行動をとるためである．処置行動の対象は，あくまでも母集団であることを知っておいてほしい．この関係を図示すると，図6.1のようになる．

　データをとるにあたって大事なことは，「なに」についてデータをとるかと

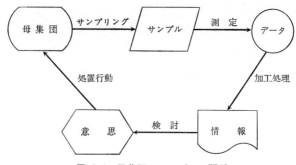

図 6.1 母集団とサンプルの関係

いうことである．つまり，品質特性をどう選ぶかということである．

- 「品質評価の対象となる性質・性能」を——"**品質特性**"
- 「品質特性を数値で示したデータ」を——"**特性値**" または "**品質特性値**"

という．

われわれがとりあつかう特性には，なんらかの仕事の結果のできばえ，すなわち広い意味での品質を示す結果系の特性と，その結果を生んだ状態や条件などを示す原因系の特性とがある．

6.3 特性の選び方

われわれは多くの特性のなかから，仕事に役立つ有効な特性を選び，これについてデータをとり，情報をえて，処置行動に結びつけていかなければならない．品質を管理し，改善するためには，品質，製造条件などのなかでどの特性が大切であるかを決めなければならないが，特性を求めるにあたっては，次のようなことを考えて選ぶことが大切である．

▼ **特性の選び方の留意点** ▼

(1) 使用者の要求する品質が，その製品のどの品質特性であるかをよく調

べ，**性能・機能**に重要な関係のあるものを選ぶ．

(2) **仕事のできばえ**を評価するのに，もっとも適切な特性を選ぶ．

(3) 最終製品の品質特性ばかりでなく，次の工程の合理的な要求により，**原料，半製品**の品質特性を特性として選ぶこともある．

(4) 機械など組立ててしまってからの特性を選ぶのもよいが，組立てるまえに各部分品などでなるべく前工程において品質特性，**製造条件**などを選んだほうが有利な場合が多い．

(5) 製品や仕事の成果についての特性は，ただ1つの場合もあるが，**2つ以上**選ばなければならない場合も多い．たとえば，電話の品質としては明瞭度，音量，雑音，故障率などがある．

(6) 特性は**測定**しやすく，また工程に対して**処置**をとりやすいものがよい．しかし，測定しやすくても品質として重要でないものを選んではならない．

(7) ある品質特性を，直接に測定することが技術的・経済的に困難な場合には，その品質特性と密接な関係にある品質特性（これを**代用特性**という），または製造条件を選ぶのがよい．たとえば，ある薬品の濃度を品質特性として選んだときに，その濃度と比重との関係が十分にわかっているのであれば，濃度を直接化学的に測定しないで，濃度のかわりに測定容易な比重を品質特性として選ぶ．

(8) 特性としては，狭い意味での品質だけでなく，**原価，納期，生産性，サービス**など幅広い分野から選ぶ．

QCサークル活動を実施している各社において，日常使っている特性をまとめたものを，表6.1に示しておく．

これは，『FQC』誌を愛読している会社のQCサークルリーダー，メンバー，あるいは現場長に対して，

「どのような特性で仕事の良し・悪しをとらえているのか？」

表 6.1 特性の例

目的	特性	用途	目的	特性	用途
品質	不良件数	鋼板，焼入強度などの不良低減.	能率	段取時間	段取作業のムダ排除.
	ミス件数	請求書作成ミス，取付ミスなどのミス低減.		運搬時間	運搬時間の短縮.
	手直し件数	不良の手直し件数の低減.		事務処理時間	依頼業務，転記業務などの効率化.
	重量	錠剤，部品などの重量管理.		JOB(計算)実行件数	実行待ち電算 JOB 件数の低減.
	時間	作業時間，処理時間の管理.	納	遵守率	納期遵守率の向上.
	厚さ	厚板，部品寸法の管理.		遅れ日数	品種別出庫達成率の向上.
	フールプルーフ化件数	作業ミス，ポカミスの低減.		納期達成率	納期達成率の向上.
	消費電力，電流，負荷電圧	電気特性の中心値とバラツキの管理.		検査停滞数	検査遅れによる納期トラブル撲滅.
	不良率	加工不良，返品不良などの不良低減.		ロットアウト件数	ロット不合格の減少.
原価	収率	錠剤や製品の出来高管理.	期	出来高	日々の出来高管理.
	使用量	電力量，消耗品数，水使用量の低減.		製作日数	短納期化.
	在庫数	消耗品や商品の在庫管理.		工程遅延件数	工程遅延の減少.
	エネルギー消費量	省エネの向上，重油原単位の低減.	売	売上数	売上目標の達成状況管理.
	人件費，経費	原価管理.		売上金額	予算達成率のチェック.
	工数	工数の低減.		損益	採算性の向上.
	予算対比	製造原価の低減.	上	訪問件数	小売店訪問件数の増大.
	材料費	樹脂，絶縁材など材料費の低減.		付加価値高	利益管理.
生産性	単位時間当り生産高	生産性の管理.	安	ヒヤリ，ハット件数	労働災害の防止.
	製造作業時間	1 日当り生産量の増加.		KYT(危険予知訓練)訓練数	安全訓練の充実.
	製作日数	資材入庫から出荷までの日程短縮.		無災害日数	安全意識の向上.
	歩留り	鋼板の歩留り向上.		排水 TOP 値ハズレ率	環境浄化と公害防止.
	売上高	1 人当り売上高の向上.		強度率	前年比較，安全意識の向上.
	稼動率	機械停止の減少.	全	度数率	災害統計.
	アイドルタイム	入出力媒体の空時間低減.		シートベルト着用率	交通事故の防止.
能率	作業効率	実績時間/標準時間の向上.		パトロール指摘件数	不安全個所の撲滅.
	切替時間	設備の切替時間短縮.	人間関係	出勤率	勤務状況の管理.
	検査時間	検査工数の低減.		提案件数	職場の活性化，改善提案の促進.

6. ファクト・コントロール

表 6.1 つづき

目的	特　性	用　　　途	目的	特　性	用　　　途
人間関係	朝　礼　数	上司方針の徹底.	QCサークル	会合回数	サークル活動の推進.
	会合出席率	活動意識の向上.		改善提案件数	モラールの向上.
	レク参加率	活力ある職場づくり.		サークル活動評価点	サークルのレベルアップ.
	職場懇談会開催率	職場のコミュニケーション強化.	サービス	クレーム件数	クレームの再発防止, サービス向上.
QCサークル	会合参加率	会合参加率の向上.		電話転送時間	1件当りの転送時間の低減.
	手法活用率	サークルのレベルアップ.		電話待ち時間	外線電話の待合せ時間短縮.
	テーマ完結件数	テーマ完結数の促進.		即　答　率	問合せ即答率の向上.
	活動報告書提出数	サークル活動状況の把握.		異常処置時間	暫定, 恒久対策の管理.
	発表テーマ数	サークルの活性化.		故障修理時間	事務機器故障修理時間の向上.
	年間効果金額	活動レベルの向上.			

についてアンケート調査し，まとめたものである．日ごろ特性の選び方，データのとり方に苦労している読者の参考になるであろう．

6.4　データをとる目的

われわれの職場では，いろいろなデータがとられている．一般的に"データ"とは，

　　　　「測定によってえられた数値.」

のことをいう．

　われわれがデータをうるのは，母集団に関する情報をえて，それによって母集団に対してなんらかの処置行動をとるためであるが，目的とする処置行動によってサンプリングの方法やデータの数が異なるので，われわれはデータをとるのに先立って十分にそのデータの使用目的を明確にしておくことが必要であり，それをおこたるとデータが役立たないことになる場合がある．

　データを使用目的によって分類すると，次のようになる．

68

▼ データの使用目的による分類 ▼

(1) 現状把握のためのデータ.

部品の寸法のバラツキはどのくらいか？　機械の故障率は？　顧客の入店者数は？　などは，現状を把握するためのデータである．問題点がどこにあるかを知るためのものである．

(2) 解析のためのデータ.

商品の陳列方法A，B，Cによって売上高がちがうかどうか？　ある成分の含有率と製品強度との間に相関関係があるかどうか？　などを知るためのデータである．管理・改善のためには，あらかじめ特性値とそれを生む要因との関係を把握しておかなければならない．このための解析を目的としてとるデータである．

(3) 管理のためのデータ.

商品は，在庫切れになっていないか？　製品重量に，規格外れは出ていないか？　など，工程の変動を調べるためのデータである．このデータによって工程が安定しているかどうかを調べ，異常があればその異常原因を究明して，再発防止の処置をとる管理を目的としたデータである．

(4) 調節のためのデータ.

ノズルからの噴射量はよいか？　室温は下げなくてよいか？　などのように，特性値を望ましい値にするために，それに影響を与えている要因を調節するためのデータである．

(5) 検査のためのデータ.

この品物を良品と判断してよいか？　このロットを合格としてよいか？　などの判定をくだすためのデータである．受入検査，出荷検査などにおいてとられる．

(6) 記録のためのデータ.

薬品1錠中の各成分の含有量，大型変圧器の温度上昇試験値などのように，

記録保存用にとっておくデータである．なにか問題が生じた場合の検討のためや品質保証のために，記録して保管しておくものである．

6.5 データのとり方

TQC を効果的に実施するためには，経験や勘に頼るだけでなく，事実を客観的に示すデータを合理的にとり，これを QC 手法などによって適切に処理し，情報をえて，この情報にもとづいて進めていくことが重要である．このためには，役にたつ良いデータをとらなければならない．

次に，その要点を10カ条にまとめておく．

♥ データのとり方10カ条 ♥

第1条　使い方を考えて**目的**にあったデータをとること．

第2条　データは**層別**してとること．

第3条　**5 W 1 H**(なにを，誰が，いつ，どこから，どのようにして，いくつ)を明確にしてデータをとること．

第4条　どの測定器で，どのように**測定**するかを標準化しておくこと．

第5条　測定誤差やサンプリング誤差に気をつけること．

第6条　データは必ずバラツキをもっているということを知っておくこと．

第7条　もれなく，しかも整理に便利な**チェックシート**を利用してデータをとること．

第8条　データはとった瞬間から腐りはじめるので，**早く処理**すること．

第9条　まとめるにあたっては，**QC 手法**を活用すること．

第10条　あとでデータの履歴が必要になることが多いので，データをとった日時，場所，測定者など**必要事項**を記入しておくこと．

6.6 東北リコーにおけるファクト・コントロール

　宮城県の蔵王山のふもと，仙台市から南へ約30kmのところに，東北リコー[1-e]という会社がある．当社は，リコー三愛グループの1社で，複写機のコントロールボックス，感光体ドラムの製造を主力製品としている．

　昭和42年7月に設立，資本金68,500万円，従業員1,200名弱，年間売上高300億円，平均年齢29歳(昭和59年現在)という若い企業である．

　当社は，創立以来QCの必要性を認識して積極的に社外教育にも参加し，昭和44年からはQCサークル活動をベースにQCの導入をはかってきた．

　しかしながら，高度成長下にあり急激な増産により順調に業績を伸ばしてきたこともあり，量産指向の安易な自信のなかで，昭和48年の石油ショックに起因する経済変動に遭遇した．さらに昭和46年〜47年には，当社の主力製品の電卓がLSI技術の急激な進歩にともなう価格競争やモデルチェンジの激化がはじまり，これに対応すべく企画した新製品⑪が試作につぐ試作をくりかえしても所期の品質をうることができず，ついに昭和50年に電卓から撤退することになった．

　全生産の75％を電卓に依存していた当社は，急激な企業環境の変化のなかで企業体質の弱さを露呈し，経営の危機に直面した．

　生産減に対する代替製品の導入や減量策などの問題を抱え，品質は企業の存続を危うくするという生々しい体験，そして企業として生き残るためには何をすべきかに直面し，トップ陣は悩みに悩み抜いた．企業体質を改善するためには何をすべきかを考えたすえ，TQC導入以外に道はないと痛感し，昭和50年12月にTQCの導入を決意した．

　その後，先生方に教えてもらったり，他人のやっていることを見て覚える模倣期を経て，東北リコー流のQCを目指して推進してきた．

しかし，東北リコー流の QC はかけ声だけで，QC と業務とは一体なものだ
と口ではいいつつも，

- 標準にない手直しが行なわれている
- 調整と称する手直しが当然のように行なわれている

など，業務と QC とは一体にはなっていなかった．

たとえば，

(1)　プリント基板の組立工程のなかで素子の自動挿入工法があるが，挿入機
　　がときどき停止している．見ていると，プリント基板の穴が挿入機の治具
　　のピンと位置があわないために選別を行なっており，そのために機械が停
　　止してしまっている．

(2)　自動半田槽の入口で，素子を挿入したプリント基板を搬送治具にとりつ
　　ける作業をしているが，取付作業をしている場所の下には素子などの部品
　　が落ちている．このありさまでは，素子の不足しているプリント基板が次
　　工程に流れてしまっていると思わざるをえない．

このように，製造現場では①手直し作業，②調整作業，③先行作業などが当
然の習慣となってしまい，問題を問題だと思う意識がなくなってしまってい
た．

この壁を打ち破って，全社員がこれを問題だと思うように習慣づけさせ，全
社員で解決していく姿勢にかえるためには「事実による管理」を徹底し，工程
で品質をつくりこんでいくことが良策と考え，昭和54年度に TQC 推進スロー
ガンとして「三直三現」を打ち出したのである．これは

```
 ――三 直 三 現――
問題が起こったら，
  ①　直ちに現場へいく．
  ②　直ちに現物を調べる．
  ③　直ちに現時点での手を打つ．
```

というものである.

　このスローガンは，異常が起きたときにすぐその場で現象の処置をしてしまうと，何が原因だったのかがわからないうちに，現象が消えてしまう．また，不良が出ているのに，その現場をみないで頭で考えてしまう．こういった悪い習慣をなくそう，という考え方によるものである.

　この三直三現により，現場のなかの数多くの問題について事実を正しく把握し，データ解析を行ない，これを改善に結びつける活動を展開していった.

　このような業務に密着したQCの推進が効果をあらわし，昭和54年のデミング賞受審時の歩留りは約5倍に，損益分岐点操業度は約1/2に，経常利益は約4倍となり，国際競争の激しい複写機業界のなかで，独自の技術をもつたくましい会社に成長していったのである.

7. プロセス・コントロール

―――結果でなく，仕事のプロセスを管理していくこと．

7.1 品 質 保 証

われわれは，自社製品について

- 品質が所定の水準にあること

を，顧客に保証していかなければならない．もう少し詳しくいうと，

- 消費者が安心して，
- 満足して買うことができ，
- それを使用して安心感・満足感をもち，
- しかも，永く使用することができる，

ということを保証することが大切である．しかし，このことはむずかしい問題
である．

たとえば，

- 検査を厳重にやる
- 不良品だったら無料で交換する
- ある期間は無償で修理する

などを行なっても，品質を保証していることにはならないのである．

不良品をつくってしまってから手を打ってもダメである．不良品をつくらないようなしくみを確立し，これをフォローしていくことが大事である．

ここに，品質保証が必要となってくる．

"品質保証(quality assurance)" とは，

　「消費者の要求する品質が十分に満たされていることを保証するために，生産者が行なう体系的活動．」

のことをいう．

換言すると，

　「消費者が，その必要とする期間，十分に満足し，信頼して使用しつづけうる品質の製品を企画，設計，製造し，また販売するために，各段階において組織的に行なわれる活動を"品質保証"という．」

もっと端的ないい方をすれば，次のようにもいえる．

　「市場の実態と情報を確実にとらえ，これを確実に製品企画のなかに盛りこみ，さらにこの企画の品質を設計図面のなかに確実に確保する設計活動を行なう．また，試作品ができたならば，このハードウェアによって機能試験や信頼性試験を行なって目的が達せられているか否かをたしかめ，製造・使用にいたるまで，この所期の品質を確保する活動がつづけられる．この一連の活動を，総合して"品質保証"という．」

そのためには，

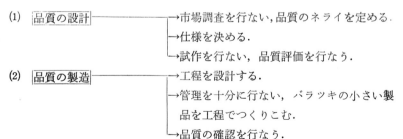

(3) 品質の販売・サービス ──→商品を販売する.

→サービス網を確立する.

→修理，クレーム処理などの情報を関係部門
へフィードバックする.

→品質の改善などに関する顧客の声を収集
し，商品企画部門へ伝達する.

の3つが必要である.

7.2 プロセス・コントロールとは

ここで大切なことは，いろいろな仕事のプロセスを管理して，管理された状態にもっていくことである.

QCをやりはじめると，早く効果を出さなければならないということで，すぐ結果を追いたがる傾向がある.

- 不良率は減ったのか
- 売上目標を達成できなかったことは，けしからん
- あれほど安全に注意するようにいってあったのに，災害事故を起こしてしまった

というように，結果ばかりを云々する.

QC診断をはじめても，目標が達成できなかったことに対する努力不足や，今後の見込みについてくどくど質問し，あれやこれやと文句ばかりをつける場面に出あったりする.これでは，せっかくのQC診断も効果が出ないことになる.

問題は，プロセスである.良いプロセスができたのかどうかが，問われなければならない.良いプロセスをつくり出してこそ，初めて良い結果が生み出せるのである.

工場では，製造の品質を実現するために生産を行なっているが，工程では機

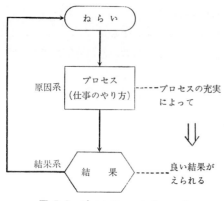

図 7.1 プロセス・コントロール

械,作業者,作業方法,原材料などのちょっとしたちがいによって,できあがった品質はバラツキをもっている.したがって品質をばらつかせる原因を解析して除去し,工程を管理することにより,バラツキの少ない品物をつくりあげることが必要である.

この考え方を「プロセス・コントロール」とか「工程の管理」とよんでいる.
"プロセス・コントロール"とは,

「結果のみを追うのではなく,プロセス(仕事のやり方)に着目し,これを管理し,仕事のしくみとやり方を向上させることが大切である.」

という考え方である(図7.1参照).

"プロセス(process)"とは,過程,方法,処置,工程などの意味をもつが,ここでは仕事のやり方,進め方までをふくめた意味に解釈する.

プロセス・コントロールのためには,次のことが必要である.

♣ プロセス・コントロールのポイント ♣

(1) 従来の仕事のやり方に固執せず,**現状打破**の精神で,もっと良い仕事のやり方を追求していく.

(2) 目標と実績との差異について,その要因を解析して,**要因系**を押さえこむ.

(3) **標準化**を重視し,良い仕事のやり方について標準をつくり,守り,育てる.

(4) 目標に対する結果に着目するだけでなく,結果を生ずるまでに発生した

トラブルにもとづいて反省を行ない，**仕事のやり方を改め，向上させる**．

(5) 発生したトラブルの原因を追求し，改善を行ない，同じ原因による問題が再発しないようにするために，トラブルの原因を**源流(上流)段階**にさかのぼって追求する．

7.3 品質はプロセスでつくりこむ

「不良品を減らし，良い品質をつくれ」といわれると，「検査工程を増やし，検査を厳重にやることである」と誤解している人がいる．

たしかに，検査の主要な機能は，顧客や後工程に不良品を渡さないように品質を調べ，検査基準と比較して判定をくだすことである．

すなわち，顧客の要求品質から決められた規格・図面に対し，検査方法，判定基準が決められ，1個1個の品物については良品・不良品の判定が，ロットについては合格・不合格の判定が行なわれる．不良品に対しては，手直しや廃棄などの処置がとられ，品質を確保する．

しかし，このやり方は結果に対するアクションである．たしかに，顧客に不良品が届かないように防ぐことはできるが，手直しや廃棄のロス損失は減らない．

品質は工程でつくりこむものであり，いくら検査を厳重にしても，検査では不良品をとりのぞくだけである．

製造工程におけるプロセス・コントロールの機能は，「要求される品質が安定して継続的にえられるように，プロセス(仕事のやり方)を安定させること」といえる．

そのためには，

(1) 品質の特性(品質が良い，悪いをはかる尺度)に影響を与える**要因**を明確にし

(2) **標準類**(QC工程表,作業標準など)により一定にし
(3) その特性に関する**データをとり**
(4) **管理図**により工程が安定した状態にあるか,あるいは異常原因による変動があるかを判断する
(5) 異常があれば,その**原因を追求し**
(6) **標準類の改訂**に結びつけ,再発防止をする

というサイクルを回して工程を安定させて,バラツキの少ない品質を確保することが,プロセス・コントロールである(図7.2参照).

検査は,品質を保証するために重要な役割を果たすが,不良が発生したらこれを除くという考え方よりは,製品を生み出すプロセスに目を向け,不良を発生する原因をとりのぞき,不良が発生しないような状態にするという考え方が重要である.

このような活動を行なうことを,"**品質をプロセスでつくりこむ**"というのである.

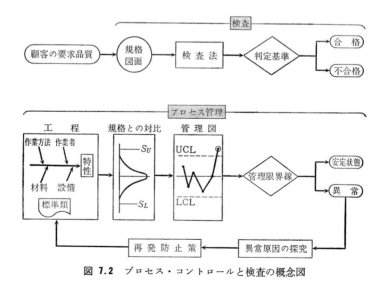

図 **7.2** プロセス・コントロールと検査の概念図

7.4 設計段階におけるプロセス・コントロール

品質保証活動を推進するためには，顧客の要求品質を的確に把握し，Q・C・D・S のバランスのとれた設計品質を設定して，正しく設計図書に盛りこみ，後工程へ伝達することが大切である．

Q建設K支店では，設計品質を向上させるために，プロセスの充実を重点に活動してきた．

その概要について説明しよう．

(1) 要求品質の把握と展開

顧客の満足度を高めるためには，顧客の要求品質を把握し，設計計画方針にもとづいてねらいの品質のつくりこみが行なわれなければならない．

[改善1] 羅列から整理へ．

従来，顧客の要求は，打合せ会などの議事録で把握してきたが，正しく聞きとっていなかったり，もれが多かった．そこで，図7.3のような3つの帳票を作成した．

① 要求事項内容表——要求品質を把握する．
② 要求品質把握表——要求品質をチェックする．
③ 適正品質表——設計意図を確認する．

[改善2] 整理から把握へ．

前述の3つの帳票を使ってみたが，

- ムダが多く，記入に時間がかかる

図 7.3 [改善1] 3帳票の作成

80

- ●結果のチェックが中心で，顧客の要求するニュアンスがつかめない

などの問題点が摘出された.

この不備を解消するため，要求品質把握表を全面改定し，また新たに計画方針書を作成した．これを，図7.4に示す.

その結果,

① J工事では――ポンプ室を住戸の下に配置したいが，振動，騒音が心配である

② Hビルでは――本社ビルとして格調高いファサードにしたい

③ Zビルでは――女性衣料をあつかうので，ファッション性のあるビルにしたい

などの，多様化した複雑な顧客の要求を早期に把握することができ，具体的なつくりこみを行なうことができた.

(2)　設計の審査と評価

顧客の要求品質や社会環境条件を正しく設計図書に盛りこむには，企画，基本設計，実施設計の段階で審査し，後工程への伝達にあたっての評価を行なうことが必要である.

[改善1]　デザインレビューを確実に実施.

従来は，設計検討会を開いたり開かなかったりしてきたが，工事金額1億円以上の物件について，前後工程の専門家をまじえてデザインレビュー(設計審査)を行なうようにした.

[改善2]　設計図書評価の導入.

設計図書の品質を保証するため，新たに評価シートを作成した.

[改善3]　デザインレビュー時期の適正化と内容充実.

デザインレビューは実施されるようになったものの，審査の実施時期が不明確であったため，指摘内容が悪く，核心をついたものとなっていなかった.

7. プロセス・コントロール

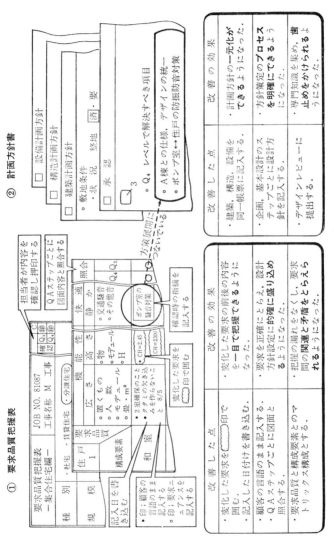

図 7.4 [改善2] 要求品質把握表と計画方針書

そこで、デザインレビューをDR I，II，IIIに区別し，基本計画段階，基本設計段階，実施設計段階の各段階で実施するとともに，審査をQ・C・D・S全般についてもれなく行ない，内容の充実をはかった(図7.5参照).

[改善4] 評価項目の定期的見直し.

設計図書の評価は自己評価で，評価基準も不明確であったため，評価シートの使用率が10%位で低かった．そこで，評価項目を数量化し，データで見直しができるようにした(図7.5参照).

これらの結果，

① D工事では——塩害を受けるビルの屋根材料を，ライフサイクル・コストの低い材料で対処できた

② Yビルでは——配送機能を要するビルで，通行者への配慮からトラックヤードを奥に設けたため，近隣とのトラブルを未然に防げた

③ H研修センターでは——研修室，宿泊室，食堂，研究室などの複合用途と複雑な機能について地域割りを展開，検討，審査し，バランスのよい棟別建物配置を決定することができた

など，デザインレビューの審査内容が充実し，評価が確実に行なわれるとともに，評価項目の見直しのためのデータが蓄積できるようになった．

以上のプロセスを重視した一連の管理活動により，

• 「要求品質把握表」の作成，活用による施主ニーズの的確な把握.

• 「計画方針書」の作成による設計方針の明確化.

• 「デザインレビュー」の充実による設計品質の向上.

がはかられた．その結果，次のような効果をあげることができた．

• 設計作業の手戻りがなく，設計段階の工数が減少した.

• 要求品質に合致した設計品質をつくりこみ，顧客の信頼が高まった.

7. プロセス・コントロール

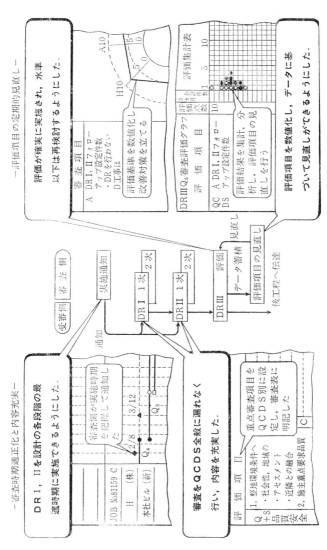

図 7.5 [改善3, 4] デザインレビューの充実

8. 消費者指向

——顧客の真に要求するものをつくり出すこと.

8.1 マーケット・イン

品質管理の基本は，「顧客に満足を与え，しかも社会からも受けいれられる製品とサービスを開発し，生産し，販売すること」である.

このためには，マーケット・イン(market in)の考え方が必要である.

"マーケット・イン" とは，「市場を企業内部へとりこむ」ということであり，

「顧客第一で消費者中心の考え方を企業のなかにもちこむこと，つまり使う側の立場にたって市場のニーズに応じた製品やサービスを生産すること.」

を意味している.

これと正反対の言葉が，**"プロダクト・アウト**(product out)**"** である. これは，「製品を企業外部へ売り出す」ということであり，

「生産者中心の考え方で，つくる側の立場にたって生産した製品やサービスを市場におしこんでいくこと.」

をいう.

86

1960年代の高度成長期のように需要が旺盛で，つくれば売れるという時代においてはプロダクト・アウトでもよかったが，今日のように安定成長経済の経営環境のもとでは，消費者は必要としている好きなものだけを購入することになるので，マーケット・インでなければならない．

8.2 消費者指向とは

マーケット・インの考え方は，換言すれば消費者指向ということになる．

需要を換起し，販売を促進し，マーケットシェアを拡大していくためには，消費者指向の考え方にもとづき，商品を企画して販売していかなければならない．

消費者指向に徹していなかったため，販売した製品にクレームが発生したり，製品の売れ残りが多発した例は多い．

たとえば，

(1) ワンタッチで操作できる超小型カメラを売り出したが，特殊フィルムが高くつき，写りも悪いため売れなかった．

(2) モダンでカラフルなデザインのホーロー製ケットルを開発したが，消費者から使用後半年位たつと内部一面に白い粉状のものがつくという苦情が続出し，全製品を回収した．これは長時間煮沸すると上釉薬がおかされるという原因によるものであった

(3) M女史デザインによる白と黒のツートンカラーのワンピース型水着を買い，3時間ほど遊泳したところ黒地部分が光を吸収しすぎ，肌にデザインの模様がついてしまった

(4) 透明なビニールのケースに赤いプリント模様をつけた「子供用ティッシュペーパーいれ」を発売したが，ペーパーをとり出すときに，取出し口の金具で指を傷つけた」という苦情が発生した．

8. 消費者指向　　　87

原因を調べてみると，取出し口は薄い鉄板の素材で製作していたが，切断縁の仕上げ不良のため，ティッシュをとり出そうとすると指がこすれて傷ついたものとわかった．

(5) 「毛布を2枚重ねて使用したところ，上の毛布がすべり落ちる．朝起きるとき，毛布は上にあがってしまっている．また，ふとんにもなじまない」という苦情がもちこまれた．

早速この製品を調べてみたところ，アクリル100％で従来のものより毛足が長く，毛並みを揃えたポリッシャー毛布であった．ポリッシャーは，毛並みを一定方向に揃えたものであり，したがって毛足の順方向に対して滑りやすく，逆方向には滑りにくいという現象があり，このことから就寝中毛布とふとんが摺動すると毛布とふとんはお互いに反対方向に移動し，今回の苦情が生じることがわかった．

など，問題は多い．

"消費者指向" とは，

「消費者が欲する，喜んで買ってくれる製品をつくっていこう．」

という考え方であり，これをさらに進めていくと

「常に相手の立場にたって考える．」

ということになる．

消費者指向に徹するには，

① 多様化し，高度化した市場のニーズをとらえ，これにマッチした製品やサービスを提供していく

② 消費者が使う立場にたって設計し，製造する

③ アフターサービスを充実するとともに，クレームに対しては迅速に処理する

ということが行なわれなければならない．

消費者指向で，新商品やサービスを提供していくためには，次の10ポイント

を重点的に推進していく必要がある.

♦ 消費者指向のための10ポイント ♦

(1) **市場情報**の収集システムを確立し,組織的かつ積極的に収集し,ニーズを解析し,商品企画に反映させる.

(2) 商品の**使われ方**,使用環境を十分に把握する.

(3) ニーズの機能,特性値への展開は,できるかぎり具体的に行ない,**未開発技術**を明確にする.

(4) **新商品開発体系**を整備し,標準化をはかり,開発そのもののやり方をレベルアップしていく.

(5) 企画,設計,量産試作の各段階で,FTA,FMEA などの手法を活用して**トラブル予測**を行ない,後工程で起こるトラブルを未然に防止する.

(6) 開発から販売にいたる各段階で発見したトラブルは,再発防止に結びつけて,**品質保証体制**を充実させる.

(7) 量産試作段階では,重要品質特性について**工程能力の把握**を行ない,量産移行を円滑に行なう.

(8) 製造段階では,工程の管理と改善に努め,「**完全良品**」を目指す.

(9) 各種品質問題については,**QC 手法**を有効に活用し,正確で効率的な解析を行なう.

(10) **サービス体制**を整備し,アフターサービスを充実させる.

8.3 市場品質情報の収集と活用

消費者指向の製品を生産し,販売するためには,どのような品質を消費者が要求しているかをつかまなければならない.さらに需要動向,競合他社製品の品質,販売力などの情報を入手して総合的に検討しなければ,良い品質を設計

8. 消費者指向

89

することはできない.

　これらの情報は,主として日常の営業活動からの情報,さらにアフターサービス,クレーム処理,市場調査などによってえられるが,これらの情報に関して

① 情報の入手から活用までの業務の標準化をはかり,一元的に管理する

② 消費者が真に要望しているものをあらゆる角度から分析し,品質の探求を行なう

③ 個々のクレームや事故の原因・対策に関する情報を分類して,管理する

といったことが必要である.

(1) 商品のとりあつかい方の PR

　大丸百貨店では,消費生活相談コーナー[2-a]を設け,ここで集められたクレーム情報を消費科学研究所で分析し,図8.1のようなカードを作成し,店頭に表示し,商品に対する正しい認識,正しい使用法などの徹底をはかっている.

(2) 市場品質情報システムの例

　複写機の主力メーカーである富士ゼロックス[2-b]は,レンタルを主体とする企業であるため,

① 個々の顧客にもっとも適した機械を提供する

② 顧客ニーズを的確に把握して新製品を開発する

③ 機械がつねに良い状態で使用されるようにする

ことに重点をおき,顧客に直結し

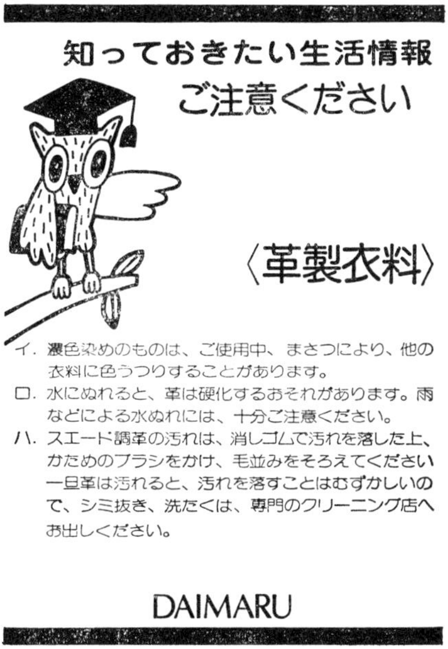

図 8.1　大丸百貨店の取扱注意表示カード

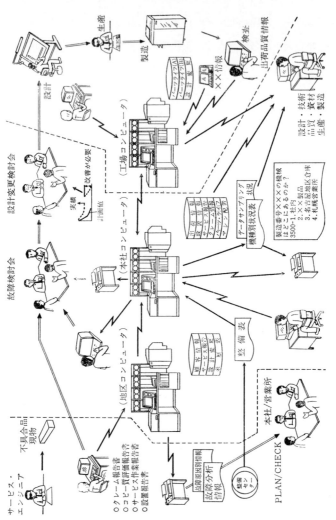

図 8.2 市場品質情報システムの例

た営業活動を生かして，市場品質情報を積極的に収集し，顧客ニーズを満足させる新製品をタイミングよく提供している．

図8.2は，当社の市場品質情報システムの流れで，個々のサービスデータをTSDS(テクニカル・サービス・データ・システム)で加工・解析し，これを技術情報として活用している．

8.4 消費者指向による新商品の開発(マッサージ椅子の事例)

松下電工の健康機器事業部では，「健康づくり」を目指してマッサージ椅子，血圧計，吸入器などを中心とした健康関連商品を開発・製造している．

当事業部では，経営成果に大きく貢献する新商品を創出するために，市場調査の充実によるヒットテーマの掘り起こしと健康ソフトの原理・原則にかなった本物商品の開発で，ユーザーのより高い満足をうることをねらいに，次のことを重点に活動している．

- 商品系列ごとの商品展開戦略にもとづく個別開発テーマの設定．
- NCP(needs・concept・produce)チェックリストによる商品企画プロセスの充実．
- S(soft)→H(hard)変換(ユーザーニーズを技術手段に変換するシステム)によるユーザーニーズにあった品質目標水準と技術課題の設定．
- 商品開発，技術開発，工法開発の連携をとった推進．

QA活動がうまくいっているかどうか，とくに体質面での評価項目を図8.3[7]のように設定してとり組んでいる．

ヒット商品となり，月産×億円商品となったマッサージ椅子「モミモミ」(図8.4参照)の開発プロセスを，図8.5[1-c]に示す．

愛用者カード分析，販売店要望調査，家庭実用使用評価の結果，従来のネリモミ方式のマッサージ器では本当のきいた感じが薄く，ユーザーの不満が大き

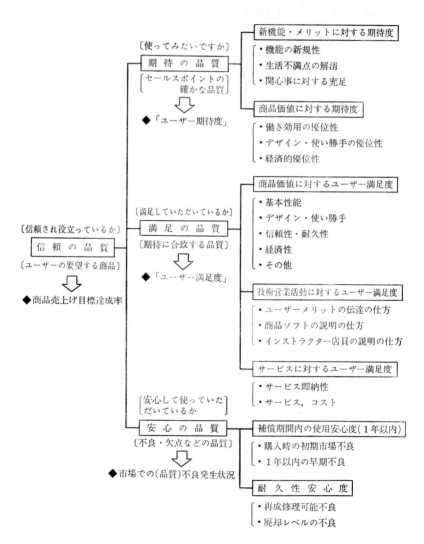

図 8.3 QA 評価項目

8. 消費者指向

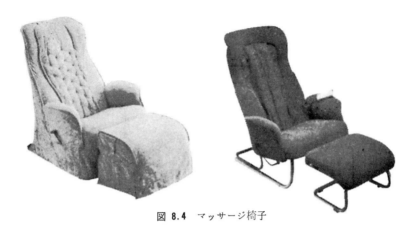

図 8.4 マッサージ椅子

いこと，また背中の痛みを訴える人の多いことがわかった．

そこで，プロのマッサージ師の東洋医学の味，つまり「グイッと押し，グッと締め，スッと引く」もみ味を，何とか出せないかと考えた．そして，これこそメーカーのひとりよがりでない商品づくりの道であると考え，商品開発に乗り出すことにした．

図 8.5 に示すように，

(1) S→H 変換の TQC ツールを活用し，人体生理の原理・原則を追求する．
(2) 指圧に関する要因間の関係を整理し，モデル化する．

指圧する＝f(指の動き，押す力，指の硬さ)

(3) プロの指圧師の指先に圧力センサーをつけ，実測の結果マッサージ曲線を見出し，品質目標を定量化する．
(4) マッサージ曲線をコンピュータで分析し，楕円ギヤーでモミパターンを実現する．

以上のような開発経緯の結果，開発した自動マッサージ器「モミモミ」は手押しの味，背すじ伸ばし機能が好評で，新市場の開発に成功し，月×億円の販売を実現するとともに，事業部の発展・飛躍に大きく貢献することができた．

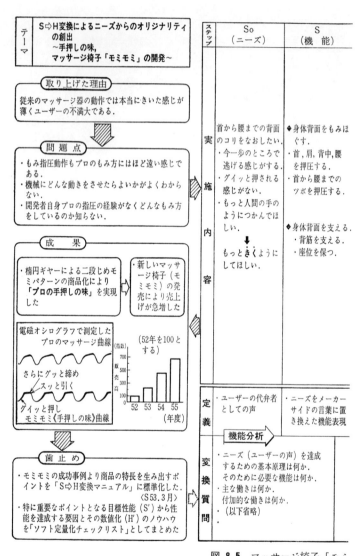

図 8.5 マッサージ椅子「モミ

8. 消費者指向

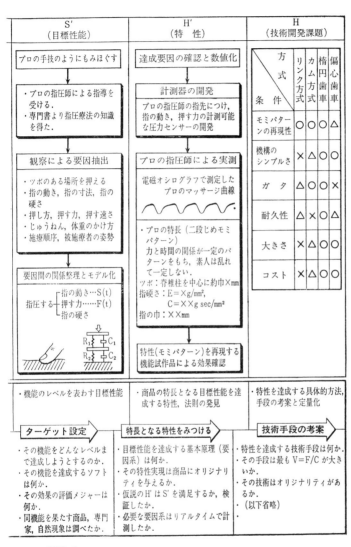

「モミ」の開発プロセス

9. 後工程はお客さま

——後工程に不良品やミスは流さないこと.

9.1 後工程とは

　現在は分業の時代である．昔のように1人で物をつくり，仕上げて，自分で
お客に売りにいくことはなくなった．

　多くの人たちが，受けもちを分担することによって，企業の目的を達成して
いく．仕事の種類や範囲ごとにそれぞれ担当者を決め，専門的に処理するほう
が仕事の効率もよく，ミスも少なく，さらに受けもちの業務についての知識や
技術も向上するからである．

　分業の社会では，お客といっても，すぐに具体的な顧客の顔を思い浮かべる
ことは，困難である．

　冷熱鋼板をつくっている工場では，それが電気冷蔵庫のボディになった姿を
想定することはむずかしいであろうし，半導体の集積回路をつくっている工場
では，それからパソコンやカラーテレビを想定することは，無理である．

　集積回路の製造工程における基板印刷工程では，半導体組付け工程を，半導
体組付け工程では後(あと)処理工程であるリード付け工程を，それぞれお客さ

98

まと考えて仕事をすることが大切である.

自工程の前後には，前工程と後工程とがある.

- 前(まえ)工程——他工程からの影響で，自分の仕事に迷惑をおよぼす工程.
- 自(じ)工程——自分が受けもっている工程.
- 後(あと)工程——自分の仕事の結果が影響する工程.

自分の仕事には，必ずいくつかの後工程がある．**"後工程"** というのは，前述のように

「自分の仕事の結果が影響する工程.」

のことである.

9.2 「後工程はお客さま」とは

分業化の進んだ現在の職場では，最終製品が顧客に渡ったときに，顧客の満足をうるためにはすべての職場，すべての工程で，「後工程はお客さま」の考え方が必要となる.

"後工程はお客さま" とは，

「自分の工程でつくり出した物やサービスの受け手は，みんなお客さまであると考えて，本当に良い品質をひき渡そうという考え方で仕事を進めること.」

といえる.

いいかえると，次のようになる.

「企業内の各部門が自部門の業務の結果を利用する部門，つまり後工程に満足を与え，喜んで受け入れてもらえるように仕事を進めることである.」

要は，自分の仕事に責任をもち，きちんと役割を果たすことが大切である. 1人1人が，それぞれの部や課が，その部や課に課せられた機能を発揮するこ

9. 後工程はお客さま　　　99

とができれば，顧客の満足度の高い製品やサービスをつくり出すことができるのである．

「後工程はお客さま」に徹するためには，次の事項に気をつけなければならない．

♥ 後工程はお客さまの７ポイント ♥

(1) 自工程の役割を知ること．

企業の目的を効果的に達成するために，組織化が行なわれている．自工程の機能を明確にし，どのような Q・C・D・S・M（品質・原価・納期・安全・士気）をつくり出せばよいのかを知ることが必要である．

(2) 仕事のしくみ，進め方を管理・改善すること．

良い仕事をするためには，そのしくみや進め方をよくしていくことが大切である．現行の仕事のしくみや進め方をベストと思わないで，つねに改善を加え，管理していくことである．

(3) 後工程の立場にたって考え，行動すること．

在庫量を少なくしてコストを下げても，後工程で部品切れが起こるようでは困る．前工程は後工程を，後工程は前工程の立場にたって物事を考え，１つの目的に向かって協力していく必要がある．

(4) 後工程をよく知ること．

後工程がどんな物を欲しているのか，どのような手順で仕事をしているのか，管理はどのようになされているのか，…といったことについてよく聞き，理解することが必要である．

(5) 良否の判定基準をはっきり決めておくこと．

良品・不良品の判定基準が明確になっていないと，トラブルのもとになる．キズや色ムラなどの外観欠点については，限度見本を作成しておくことである．

(6) 自主検査を強化すること．

100

自分で加工した品物や処理した仕事については，不良品やミスのないことをたしかめておく必要がある．このために，自主検査を実施する．「自主検査」とは，「作業者が，自分で加工した品物やサービスに対して，自分自身で行なう検査のこと」で，品質をつくった人がみずからの責任において保証するという考え方である．

(7) 情報交換を正確・迅速に行なうこと．

後工程や前工程でトラブルが発生したり，工程に変化があったとき，それらの情報を必要とする部門に伝達し，素早い対策，再発防止の処置がとれるようにする．とくに，特採品が出たときや原材料に変更があったり，作業方法の一部をかえたりした場合には，ただちに後工程に連絡し，とくに注意してもらうなどの心得が必要である．

9.3 品質は工程内でつくりこもう（三菱自動車工業の事例）

この事例は，三菱自動車工業名古屋自動車製作所バス部工作課で働く作業長平下和一[3-a]さんのものである．つねに「後工程はお客さま」の気持ちで，「後工程の仕事がうまくいくように」そして「最終のお客である消費者に満足してもらおう」という立場で仕事にとり組んでいる事例である．

(1) 職場の紹介

私たちの工場は名古屋港に隣接しており，乗用車，小型バスなどを生産している．

私の職場は小型バス「ローザ」を担当しており，受持ちはボデーに各種部品を組み付け，完成になるまでを担当しており，班員は22名である．

工程の特徴は，次の3点である．

1) 作業はコンベヤー式による流れ作業である．

2) 冷房車，幼児車，左ハンドル車も標準車のなかへ混合で流れており，

作業習熟がむずかしい.

3) 組付部品は約750点で，工程によっては1人80点もの組付けを行なっている.

このように，持ち場も広く特殊作業があるため，1人1人の確実な作業が必要である．とくに「あとで検査がある」といったあまい考えでは，後工程の信頼を勝ちとることはできない.

(2) 私の役割

私は作業長として販売後の情報や品質管理のための検査情報，班内で起きる諸問題などを作業グループ別に，朝礼時をとおして伝達している．自工場内で発見したトラブルは，QC サークル活動を通じて改善活動にとり組むようにしている.

また，外製部品の問題などは外製工場へ直接出向き，不具合対策や技術指導を行なうとともに，必ず部下にその結果を連絡している.

このような日常活動において，「後工程を満足する品質を工程内でつくりこもう」という品質意識，問題意識を盛りあげていくことが大切である.

(3) 小型バス「ローザ」の品質つくりこみ

現場改善と QC サークルをベースとして活動している．また，職制の品質見ばえ検討会や職場レクリエーション活動の推進などの明るい職場づくりも併行して進めていて，「高品質の商品は，明るい職場から」を実現するようつとめている.

(4) 改善の推進

提案された改善案は，現状では月2件／1人を達成しているが，工場内の他班と比較すると，いま一歩の向上が必要とみんなで頑張っているが，後工程との話合いのなかで生まれた品質向上と，ムリを省いた改善例を紹介する.

図9.1にこの内容を示すが，エアーで吸盤を作動させ，ワークの安定化により作業姿勢向上，作業能率の向上とハメ込み作業の確実化，そして後工程から

指摘のあったキズ防止をはかった例である．

　また，日々の活動に加え，動作分析にも着手している．1/100にラインを縮小した図面をつくり，部品，パレット，作業台，治工具などを図面上で移動させ，「これがよい」という配置を決め，実行に移させている．これによりムリ，ムラ，ムダを省き，高品質・高能率化を目指している．

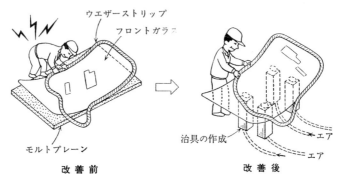

図 9.1　ウエザーストリップはめこみ作業の改善例

(5) ま と め

　以上，このような体験のなかから監督者としてあらゆる角度から班員と接し，全員参加の品質つくりこみが実現するようつとめている．毎月ユーザーからの苦情報告で自班の不具合がなかったときなど，日頃あまり話をしない班員が「おやじさん，よかったな！」といってくれ，こんなときこそ心から実感がもてるときである．

　自然に班員が自分たちの職場を大切にし，後工程・前工程のつながりの大切さを理解してくれるよう努力していきたいと思っている．

9.4　お客さまからの苦情をなくそう(リコーの事例)

　この事例は，リコー大阪支店営業部官需課「HSJ サークル」の小磯通子[3-a)]

さんたちの活動である.「後工程はお客さま」の気持ちで活動を展開し，ユーザーサービスの向上に成功している.

(1) は じ め に

私たちの職場は，別名「官需株式会社」とよばれている.

1) 官公庁に対する直販.

2) 販売から回収まで全責任をもった営業活動.

3) 大阪支店管内の官公庁全ユーザーに対して，ライン・アンド・スタッフの業務，を行なっているからである.

大阪支店では「後工程はお客さま」という QC 基本方針を掲げ，業務の改善，QC サークル活動の活発化にとり組んでいる.

(2) テーマ選定理由

1) B庁調達本部から，「複写機のランプ交換を 3 日前に依頼したのに，まだこない」とのクレーム(苦情)があった.同様のクレームが，K鉄道，D公社からもきている.

2) このようなクレームは，「後工程はお客さま」の QC 基本方針に反している，と考えて次の目標をたてた.

(3) 目標の設定

いつまでに：昭和54年 1 月末日までに.

なにを　　：「修理にこない」というクレームを.

どうする　：0 件にする.

(4) 現 状 調 査

お客さまからのサービス受付は 4 つのルートがあり，実際のサービスは 2 つの専門会社で行なっているが，今回の B 庁の場合 お客さま ➡ 官需課 ➡ A サービス本社 ➡ B サービス本社 と伝達された.ところが，A，B サービス両社が「自社の担当ユーザーではない」と譲りあったまま放置されていたために起こったクレームとわかった.

1) 修理手配の仕方に問題はないのか？
2) B庁が，なぜA，B両サービス会社の担当ユーザーからもれていたのか？ K鉄道，D公社ももれていたのではと考え，調査を進めることにした．

私たちはこの調査を進めるにあたって，私たちの後工程でもあるA，B両サービス会社の担当者にもお願いして，一緒に活動を進めることにした．

(5) 原因の追求
1) 修理手配の仕方は，表9.1のように担当者が経験や勘で，このユーザーにはこのサービス会社と頭から決めてかかるため，たらい回しやうちの担当ではない，という双方のいい分から放置という事態につながり，お客さま不在の状態になっていた．

表 9.1 サービスの依頼方法

リコー	サ，技，担当	依頼台帳＋経験＋勘により判断している．
	官 需 課	経験＋勘により判断している．
A・Bサービス		51年度作成のリストを参考にし，リスト以外はベテラン社員の経験＋勘により判断している．

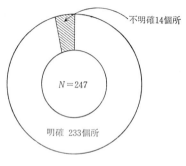

図 9.2 サービス実施点は…

2) サービス会社にはユーザーリストがあり，これにもとづいてサービスを行なっている．ところが，このリストは昭和51年につくったまま，その後の維持改廃が十分になされていない古いものであった．したがって，新規取引先のもれ（B庁はここに該当），複写機使用台数の少ないユー

9. 後工程はお客さま

ザーのもれ，担当サービス会社が図9.2のように不明ということが，ユーザー
リストを洗いなおした結果わかった．

(6) 対策の検討と実施

1) 担当サービス会社不明のユーザー14社の担当会社をハッキリさせると同
時に，使いやすいリストにする

2) リストの維持改廃を確実に実施する

ことを決め，次のような対策を実施した．

① 新しいユーザーリストの作成．

② サービス会社，リコーサービス技術担当，官需課員へのリストの配布．

③ クレームによる修理の手配はリストによる．

④ A，B両サービス会社の協力のもとに，定期的(年2回)にリストの見
直し改訂を行なう．

(7) 新たな問題の発生

これでよしと思ったが，サービスマンとお客さまの指摘で，1ユーザー1つ
の建物でサービス会社が重複しており，修理情報のいきちがいがあったことが
わかった．

たとえば，K財務局の3階にはBサービス会社，同じK財務局の4階にはA
サービス会社がはいっているという具合で，3階のお客さまが4階にきている
サービスマンを自分のところのサービスマンと勘ちがいするなど，不都合な面
が多々あった，そこで

1) 効率的なサービス実施のため，重複がなくなるユーザーリスト再見直し
を実施して，新しいリストをつくる

2) お客さまとサービス会社を直結するため，担当サービス会社のPRと機
械に担当サービスマンの名刺を掲示する

という2つの対策を実施した．

(8) 効果の確認

1) クレームがなくなり，図9.3に示したようにお客さまに迷惑をかけなくなった．

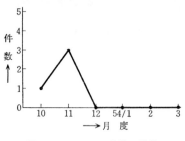

図 9.3 クレーム件数の推移

2) 担当サービス店が明確になり，トラブルがなくなった．

(9) 歯止め

ユーザーリストの定期チェックとその方法を標準化し，サービス会社と協同で実施することにした．

(10) 反省

1) 「後工程はお客さま」という方針に反して，かなめのユーザーリストを軽視し，使用台数が少ないユーザーのあつかいに無神経であったことを，サービス会社と一緒に反省した．

2) 販売とサービスは表裏一体であり，相互の情報交換，協力体制の重要さを認識した．

10. QC手法の活用

> ── 無手勝流はダメ．QC手法をよく勉強し，しっかり活用すること．

10.1 QC手法の意義

わが国の品質管理の特徴としては，

(1) 全社的品質管理，全員参加の品質管理

(2) 品質管理の教育・訓練

(3) QC サークル活動

(4) 品質管理の診断・監査

(5) 品質管理の全国的推進運動

そして

(6) 統計的手法の活用

があげられる．

これらの 6 項目は，昭和 43 年 12 月の第 7 回品質管理シンポジウムにおいて討論の末，まとめられたものである．

デミング博士は，デミング賞創設 30 周年記念講演などで「日本は統計的考え方と手法の活用をもって世界の市場を制覇した」とのべている．

108

たしかに，わが国における QC 手法の活用は，品質管理を支える重要な柱の
1 つとして，

(1) 企業内のあらゆる分野で QC 手法がもちいられていること

(2) QC 手法の活用内容の水準が高いこと

(3) トップから職場の第一線まで利用の層が厚く，レベルが高いこと

などがあげられる．

品質管理の目的は，「消費者が必要としている品質の商品やサービスを経済
的に提供し，その使用時の品質を保証すること」にある．そのためには，事実
にもとづいて判断し，最適の製造条件や仕事のやり方の改善を求めていかなけ
ればならない．事実にもとづくということは，データによるということであ
る．データをとってこれを解析してみると，従来の勘だけでは気づかなかった
事実が発見されたり，経験的におぼろげに感じていたことがはっきり証明され
たり，今後の仕事の仕方に指針が与えられたりする．

数多くの原因がかなり複雑なかたちで影響しあっている状況から因果関係を
正しく把握し，客観的な判断をくだすうえで QC 手法は欠くことのできないも
のである．QC 手法は，数少ないデータから，できるだけ多くの信頼性のある
情報をうるのにもっとも有効な手段といえる．

QC 手法の活用は古くて新しい課題であり，今後も品質の開発，改善，管理，
保証の諸活動の有用な道具として広く活用をはかっていくことが重要である．

10.2 QC手法の種類

品質管理では，事実をデータでつかみ，バラツキのある現象について，これ
を統計的に処理し，その結果にもとづいて客観的に行動するというアプローチ
が強調される．その意味からも，数値データが重視されている．

しかし，近年は新製品開発の品質管理が重視され，製品企画や製品設計の重

10. QC 手法の活用 109

要性が叫ばれている．そして，市場競争の激化から営業や購買，サービス部門での品質管理の重要性も増してきている．ここにおいて，言語情報にもとづく解析も大切である．

"統計的手法" とは，

> 「目的に応じて，実験を正しく計画し，これからえられたデータを正しく解析して，客観性のある結論を導く方法.」

と定義することができる．

　ここでは，数値データだけでなく言語データもふくめ，品質管理活動において有用な手法を「QC 手法」とよび，次のように定義しておく．

"QC 手法" とは，

> 「品質管理活動において問題を発見し，情報を整理し，発想し，要因を解析し，対策し，改善を行なって，管理の定着化をはかっていくための手法をいう.」

QC 手法には，次のようなものがある．

♉ QC 手法のいろいろ ♉

(1)　QC 七つ道具

　①　特性要因図．

　②　パレート図．

　③　グラフ．

　④　チェックシート．

　⑤　ヒストグラム．

　⑥　散布図．

　⑦　管理図．

　(注)　『QC サークル活動運営の基本』(QC サークル本部編，(財)日本科学技術連盟発行)では，グラフと管理図をまとめて 1 つにかぞえ，層別を加えたものを，「QC 手法の

110

七つ道具」としている．しかし，層別は「手法」とよぶよりも「考え方」とみたほうがよいと思われるし，グラフと管理図は区別して考えたほうがよいと思われるので，ここでは「QC七つ道具」を前述の7つとしておく．

(2) 統計的方法

① 検定・推定．

② 実験計画法(分散分析法，直交配列表など)．

③ 相関分析(単相関分析，重相関分析)．

④ 回帰分析(単回帰分析，重回帰分析)．

⑤ 直交多項式．

⑥ 二項確率紙．

⑦ 簡易分析法．

⑧ 多変量解析法(主成分分析法，因子分析法，クラスター分析法，判別解析法，数量化I類〜IV類など)．

⑨ 最適化手法(シンプレックス法，Box-Wilson法，EVOP法など)．

(3) 新QC七つ道具

① 連関図法．

② 系統図法．

③ マトリックス図法

④ 親和図法．

⑤ アローダイヤグラム法．

⑥ PDPC法．

⑦ マトリックス・データ解析法．

(4) その他のQC手法

① サンプリング法．

② 抜取検査法．

③ 官能検査法．

④ 信頼性工学(FTA，FMEA，ワイブル確率紙，累積ハザード紙など)．

(5) QC 周辺の手法
  ① IE 手法.
  ② VE 手法.
  ③ OR 手法.
  ④ 創造性開発手法.

10.3 QC 手法の選び方

品質管理においてもちいられる QC 手法には，グラフ化するだけのやさしい手法からコンピュータをもちいないと解けない高度な手法まである．

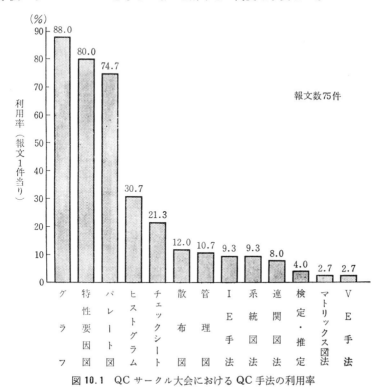

図 10.1 QC サークル大会における QC 手法の利用率

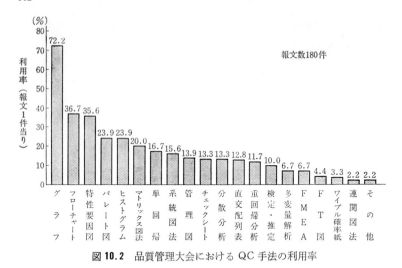

図 10.2　品質管理大会における QC 手法の利用率

QC 手法の利用度を調べたものが，図 10.1，10.2 である．

図 10.1 は，QC サークルの機関誌である『FQC』誌((財)日本科学技術連盟発行) 1982 年 1 月～1983 年 12 月 (No.229～254 号) の 2 年間にわたって掲載された体験談 75 件について調べたものである (1 つの報文で，ある同一の手法，たとえばグラフが 2 回以上使われていても，グラフの活用 1 件とかぞえている)．

QC サークル活動では，圧倒的に QC 七つ道具がよく使われている．グラフ，特性要因図，パレート図のいわゆる「三種の神器」は，断然利用率が高い．

図 10.2 は，1983 年 11 月に開かれた第 33 回品質管理大会と，1984 年 5 月の広島品質管理大会の報文集 (『品質管理』誌，Vol. 34 (11 月臨時増刊号)，Vol. 35 (5 月臨時増刊号)，(財)日本科学技術連盟発行) から手法別に利用件数を調査したものである．

体系図はフローチャートに，機能展開は系統図に，散布図，相関分析は単回帰にふくめている．多変量解析は主成分分析，因子分析，クラスター分析，数量化 III 類をまとめたものである．また，その他は直交多項式，PDPC，EVOP であった．

10. QC 手法の活用

　当然 1 つの報文で数件の手法が利用されているが，スタッフの QC 活動における手法の利用率のビッグ 3 は，グラフ，フローチャート，特性要因図である．しかし，QC サークル活動の場合と異なり，回帰分析，分散分析などの統計的手法やマトリックス図法，系統図法などの新 QC 七つ道具も，かなりよく使われていることがわかる．

　日常的なデータ，層別したデータ，さらには実験によってえられたデータをもちいて，母集団とサンプル，バラツキや確率など統計的な考え方を基盤に，やさしい QC 手法いわゆる「QC 七つ道具」を使いこなすことが大切である．

　そして，目的や問題に応じて検定・推定，分散分析，回帰分析，主成分分析および新 QC 七つ道具などを活用すれば，多くの効果を生むことができよう．

　表 10.1 は，われわれのまわりに存在する各テーマについて，利用すれば高い効果のえられる手法をまとめたものである．

表 10.1　利用効果の高い QC 手法

テーマ ＼ 手法	特性要因図・グラフ・パレート図	ヒストグラム	チェックシート	管理図	フローチャート	検定・推定	分散分析・直交表	単回帰・重回帰	主成分分析・数量化	連関図法	系統図法	マトリックス図法	PDPC法・アローダイヤグラム・親和図法	FMEA・FTA・ワイブル確率紙
新製品・新技術開発	○	○	○	○	○	○	◎	◎	◎	○	◎	◎	○	◎
品　質　改　善	○	◎	○	○	○	◎	◎	◎	◎	○	◎	◎	○	◎
工　程　管　理	○	◎	◎	◎	○	○	◎	○						
品　質　情　報　管　理	○		○	○	○			○	○	◎				
事　務　管　理	◎		◎	◎	○									
販　売　管　理	◎		◎	◎	○									
サ　ー　ビ　ス　管　理	◎	◎	◎	◎	○									
環境保全・安全管理	○		◎	○	○		○	○						

　（注）　◎：とくに有効なもの，○：有効なもの

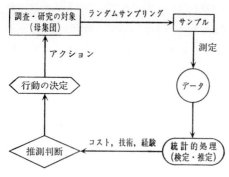

図 10.3 統計的手法の活用体系

われわれは，サンプルについての知識をうるためにデータをとるのではなく，目的とする母集団に関する知識をえようとしているのである．したがって，統計的手法はこの目的に対して活用されなければならない．これを図示すると，図 10.3 のようになる．

われわれがデータを統計的に処理するためには，少なくとも次の 3 つの問題を考慮しておかなければならない．

(1) データのとり方

母集団に関する正しい情報を獲得できるようにするには，どのようにすればよいか．実験の計画は，サンプリングや測定の方法は．

(2) データの解析方法

どのような手法をもちい，どのような検定や推定を行ない，推論をくだすか．

(3) アクションのとり方

QC 手法からの結論，経済的情報，技術力などを比較検討し，目的対象に対してどのような決定をくだし，どのように具体的な行動や処置をとるのか．

10.4　QC 手法活用のポイント

QC 手法の活用にあたっては，

- QC 手法を誤って使用している
- 目的と手段とが適合していない

10. QC 手法の活用

- 固有技術との結びつきが不十分である

などの問題点がしばしば指摘されている.

手法を使うこと自体が目的でないことはいうまでもない. しかし, 問題解決に役立つ有用な道具があるのに,

- その使い方を知らない
- 知っていても使わない
- 誤った使い方をしている

などのために効果があがらなかったり, ムダな努力をしていたのでは損である.

以下に, QC 手法を活用するためのポイント[2-c]をあげておく.

☙ QC 手法活用の10ポイント ☙

(1) 目的を明確にして, 目的にそった使い方を工夫すること.

(2) 簡単な手法「QC 七つ道具」をフルに活用すること.

(3) 層別, サンプリング, 測定方法などデータの素姓を明確にしておくこと.

(4) いろいろな手法を組みあわせて使うこと.

(5) 解析結果は, 技術的にも十分吟味すること.

(6) QC 手法についてよく勉強し, 正しい理解をしておくこと.

(7) 固有技術との結びつきを強めること.

(8) データには数値データだけでなく, 言語データもあることを知ること.

(9) QC 手法をもちいないと良い改善・管理ができないという信念をもつこと.

(10) 習った手法は自分で使ってみて, 味を覚えること.

QC 手法は, その目的も不明確なままに, ただ漫然ととられたデータを解析するためのものではなく, 目的に応じて実験を正しく計画し, これからえられたデータを正しく解析して, 客観性のある結論を導く方法である. また, QC

手法はこれを単独でもちいるものではなく，固有技術をあわせて駆使しながらもちいるものでなければ，真の効果は期待できない．

QC手法は，いまや工程の解析や管理・改善に，新製品・新技術の開発に，そして製品品質の保証のために欠くことのできない重要な技術であり，これを駆使することができて初めて，技術者は品質を管理するみずからの責任を果たすことができるのである．

全社員がQC手法を身につけなければ，TQCの推進はありえないことを強調しておきたい．

10.5 電気洗濯機のVベルト調整作業の改善事例

QC活動で大切なことは，QC手法を活用して真の要因を摘出することである．〈陰の声〉に注目しながら，次の事例からそれを読みとって欲しい．

(1) 問題発見とテーマの選択

森田君は，ある電気洗濯機工場のQCサークルリーダーであり，洗濯機の組立ラインを担当している．森田君たちは，モーターとパルセーター(攪拌翼)とを連結するVベルト張力の調整率が40～70％と高く，調整工数が大きいため，かねてから問題視していた．

そこで，森田サークルでは「Vベルト調整作業の改善」[3-c]というテーマを選んで，工数の削減にとり組むことにした．

〈陰の声〉 現在やっていることが最良であると思い込んでいては，仕事の改善はできない．自主性をもって問題点をみつけだし，これにとり組む積極的な態度が必要である．

(2) 要因の整理——特性要因図の活用

Vベルト張力の調整は，モーターボルトをゆるめ，モーターヒンジを左右に動かし，ベルトの張り具合を触覚によりたしかめる方法で行なっていた(図

10. QC 手法の活用

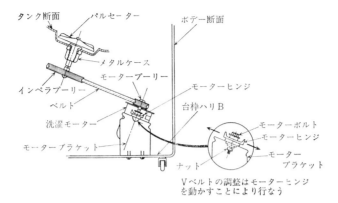

図 10.4 Vベルト張り機構と調整方法

10.4 参照).

　森田サークルでは，早速 QC サークル会合を開き，この問題に関係する製造，技術，検査，資材部門などの人たちに集まってもらい，ブレーンストーミ

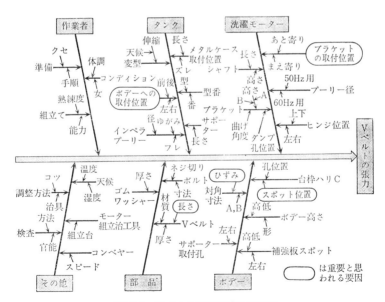

図 10.5 Vベルト張力の特性要因図

ングにより，図10.5のような特性要因図を作成した．

〈陰の声〉 問題としている特性（結果）に関係すると思われるたくさんの要因をひろいあげ，魚の骨にまとめることが大切である．森田君たちは，この問題の関係者を集めて中骨，小骨，孫骨のはいったゴジラ型の特性要因図をつくり，そこから現状分析のやり方を考えた．

(3) 現状の把握——ヒストグラムの活用

現状分析のため，工程からランダムに100台の洗濯機を抜きとり，Vベルトの張力を測定した．その結果，えられたヒストグラムが図10.6である．

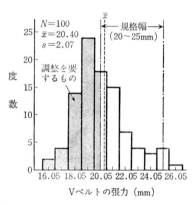

図10.6 Vベルト張力のヒストグラム

これを見ればわかるように，分布は低いほうへ偏り，バラツキも大きいため規格はずれが多く，これらはすべて調整作業を必要としていた．

〈陰の声〉 真の要因をつきとめるためには，品質をあらわす特性値についてその変動の状態を正しくつかむことが必要である．データをヒストグラムにあらわすと，分布の姿が目でながめられるだけでなく，規格値と対比することができる．

(4) 要因の解析——散布図の活用

いよいよ要因解析である．Vベルトの張力にバラツキをもたらす犯人の追求である．

森田君たちは，図10.5の特性要因図で（＿＿）印をつけた要因，すなわち「ボデーへのタンク取付位置」，「台枠ハリCのスポット溶接位置」，「Vベルトの長さ」などについて検討を行なった．しかし，これらはいずれも規格内にはいっており，影響度は小さいということがわかった．

10. QC 手法の活用

最後に調べたのが,ブラケットへのモーター取付位置である.工程からランダムに選んだ50台について,モーター取付位置とVベルトの張力について散布図を作成したところ,図10.7がえられた.これから,Vベルトの張力を規格内に押さえるためには,モーター取付位置を78mmをネライ値として,76〜80mmの範囲内であればよいということがわかった.

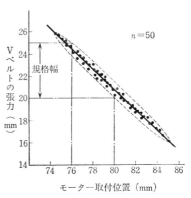

図10.7 モーター取付位置とVベルト張力の散布図

〈陰の声〉 安易に思いつきの対策を打つのではなく,原因と結果の関係を確実につかみ,その原因にアクションをとることが重要である.森田サークルでは,これを散布図でたしかめている.このように,2組のデータをグラフ用紙にプロットするだけで,このように有効な情報がえられるのである.

5) 対策案と効果の確認——グラフの活用

ブラケットAへのモーター取付位置が新規格(76〜80mm)にはいるように,2週間かかって図10.8のような「位置決めゲージ」を考案した.

この治具を使ってみたところ,非常に有効で,いままで50%もあった調整率は,図10.9に示すようにほとんど無調整になった.あれこれ頭をひねくりまわした効果があらわれたのである.

図10.10のように工程も改善し,6人の人員を削除することができ,月間300万円あまりの直接的な効果をあげること

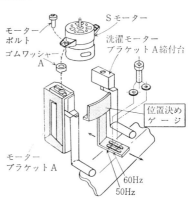

図10.8 位置決めゲージによるモーターの取付け

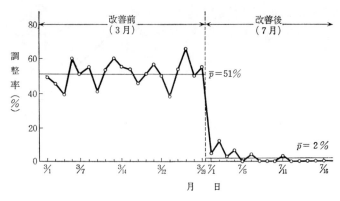

図 10.9 Vベルト調整率グラフ

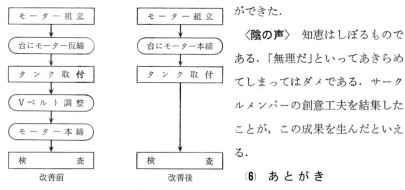

図 10.10 改善前後の工程

ができた.

〈陰の声〉 知恵はしぼるものである.「無理だ」といってあきらめてしまってはダメである. サークルメンバーの創意工夫を結集したことが, この成果を生んだといえる.

(6) あとがき

現場の問題点を見つけだし, 解析し, これを作業改善につなげていくための武器——それが「QC 手法」である. データで事実をつかみ, 作業を阻害している要因をつぶすことが肝要である.

11. 問題解決の手順

——改善は問題解決の手順を確実に踏んで実施すること.

11.1 問題発見能力と問題解決能力

私たちは，日常たえず「能力」という言葉を耳にする．「自己の能力を伸ばそう」とか，「能力が低い」とかいわれる．

ところで，能力は生まれつき人間に備わっているものであろうか？　いや，そうではない．

第1次南極越冬隊長で，デミング賞本賞受賞者でもある西堀榮三郎博士は，『品質管理心得帖』(日本規格協会)のなかで，次のようにいっている.

『「人間の個性はかえられない．しかし，能力はかえられるんだ」．能力は，ゴム風船のようにいくらでも容積がかわるものであり，かえられるのである．「あいつは田舎者だからダメだ」と考えてみたり，「あいつは学校出ていないからダメだ」と決めてしまったりする．このように決めてしまうことが非常にまずいのである．かえられるのであるから，決められるわけがないのである．』

私たちは，能力とか創造性とかいうときに，とかく特殊な人間だけがもって

いる生まれつきの力,と考えがちである.事実はちがうのである.能力は1つ1つの行動の積み重ねであり,経験や学習の反復によって形成されていくものである.

昔はもの知りであることが尊重されたが,現代社会の求める理想的人間像は,生き字引から問題発見能力と問題解決能力を備えた人間にかわってきている.新しい情報にもとづいて,迅速に行動を展開し,真の原因をつかまえ,問題を解決していく能力をもつ人間が理想とされている.

問題発見能力や問題解決能力は,それぞれの人間のもついろいろな知識や能力の組みあわせによって形成されていくのである.

11.2 問題解決の手順

私たちの生活は,広く解釈するとすべて問題解決の連続である.マイカーに乗って家族旅行にいくのも,工場で製品をつくるのも,事務所で経理業務を行なうのも,すべて問題解決といえる.

目標と現状とのズレを「問題」というが,これをうめるために生じる行動が「問題解決の行動」である.そして,このズレを問題解決の行動によってうめることが「問題解決」といえる.

問題解決のプロセスは,大きく3つに分解することができる.これをあらわしたものが,図11.1である.

問題解決能力を高めるコツは,「問題解決の手順」を知り,これにしたがって活動することである.

QC活動においては,問題解決

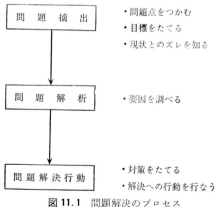

図11.1　問題解決のプロセス

11. 問題解決の手順

のプロセスを細分化し，いくつかのステップに分け，手順化をはかっている．

スポーツとか勝負ごとには，型とか定石というものがある．この型や定石を身につけていないと，戦いには勝てないのである．

問題解決や改善の場合もまったく同様であって，本当の原因をつかまないで，思いつくままに対策を打っても効果はあがらないのである．より上手に，よりマトを射た効果的な改善を効率的に実施しようとすれば，型を知っておく必要がある．それが，「問題解決の手順」である．

"問題解決の手順" とは，

「問題を合理的，効率的，効果的に解決するための踏むべき手順のこと．この手順にしたがって問題にとり組めば，困難な問題に対しても，誰がやっても，どのグループでも，合理的・科学的に解決ができるという問題解決の定石をいう．」

問題解決の手順は，**「改善の手順」** とよばれることもある．

図11.2に，問題解決の手順を示す．

▼ 問題解決の手順 ▼

[手順1] 問題点の把握とテーマの決定．

 (1) 部課の役割，仕事の目的を明確にする．

 (2) 職場に与えられている方針・目標を確認する．

 (3) 管理項目や重要な品質特

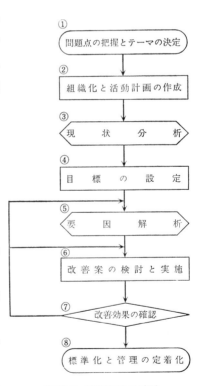

図 11.2 問題解決の手順

性について現状を把握し，より効果的な仕事のやり方ができる問題点を出す．

問題をつかむとは，ある基準と比較してズレがあるかないか，あるとすればどこにどの程度のズレがあるかをつかむことである．

したがって，**問題点をとらえるには，**次のような点に着眼することである．

① 過去の実績と比較し，傾向のかわり方に問題はないかをみる．

② あるべき姿や理想と比較し，弱い点，改善，向上すべきところをみつける．

③ 上位方針からくる目標は達成されているかを調べる．

④ 規格や仕様をチェックし，不良はないかを調べる．

⑤ 後工程へおよぼしている迷惑はないか，役割を十分果たしているかなどを検討する．

⑥ 同じような立場の部署，他支店，他社の状況と比較して，プロセスや結果の良い点，悪い点を探す．

⑦ 仕事を進めるうえで困っている点は何かを検討する．

(4) 多くの問題点から，重点指向の考え方でテーマを決定する．

① 問題点について重要度の順位づけをして決める．

② 期待できる効果を予測して決める．

[手順 2] **組織化と活動計画の作成．**

(1) 問題解決のためのグループと責任者を決める．

(2) 問題解決活動の期間を決める．

(3) 協力体制，役割を分担する．

(4) 問題解決のための活動計画書を作成する．

[手順 3] **現状分析．**

11. 問題解決の手順　　125

特性値を明確にし，これについて過去のデータを収集し，現状を
把握する．

- 特性値の実績はどうか？
- 悪いのは最近の傾向か，それとも数カ月または数年つづいているか？
- 平均値が問題なのか，バラツキが大きすぎるのか？

[手順 4]　目標の設定．

(1)　達成したい目標を設定する．

(2)　問題解決の効果をはかる尺度(特性値)を明確にしておく．

(3)　活動計画を見直し，必要により修正するとともに，活動の詳細
を決め，役割分担をする．

[手順 5]　要因解析．

(1)　特性と要因との関係を技術的・経験的な知識により考察し，特
性要因図にまとめる．

(2)　事実に関する資料，データをチェックシートなどをもちいて収
集する．

(3)　特性と要因との関連を QC 手法をもちいて解析する．

過去のデータ，層別した日常のデータ，実験によるデータなど
をグラフ，ヒストグラム，管理図，散布図，検定・推定，分散分
析，回帰分析などの手法をもちいて解析する．

(4)　解析結果をまとめる．

[手順 6]　改善案の検討と実施．

(1)　創意工夫，アイデアを集め，問題となる要因に対する対策案を
検討する．

(2)　改善案を決定する．

①　目標に対して効果があるか評価する．

② いままでより速く，楽に，正しくできるか評価する．

③ 応急対策か，再発防止か，仕事のやり方，しくみについて
の対策か．

(3) 仮標準，作業標準を作成，または改訂する．

(4) 新しいやり方について教育・訓練する．

(5) 仮標準にもとづいて改善案を実施する．

[手順 7] 改善効果の確認．

(1) 改善結果をQC手法をもちいてチェックする．

① 目標と実績を比較し評価する．

② 改善前と改善後を比較し評価する．

③ 改善に要した費用を把握する．

④ 前工程，後工程への影響を調べる．

⑤ 他の管理特性に対してマイナス効果を生じていないかチェックする．

(2) 効果を確認する．有形の効果，無形の効果を把握する．

(3) 効果が不十分なときは手順5または手順6へもどり，さらに解析，対策をくりかえす．

[手順 8] 標準化と管理の定着化．

(1) 効果が認められたら標準化する．

① 仮標準を正式な標準とする．

② 仕事のやり方を作業標準へ織りこむ．

③ 規格，図面など技術標準を改訂する．

④ 管理のやり方を決めた標準類を改訂する．

⑤ 正しいやり方を教育・訓練する．

(2) 標準を維持する．標準どおり仕事を進め，管理状態に維持されているかチェックする．

11. 問題解決の手順

(3) 問題解決の進め方について反省し，良かった点，悪かった点を整理する．

(4) 改善の結果は正式な報告書としてまとめ，技術の蓄積をはかる．

　問題解決を進めていくためには，以上のような手順にもとづいて，問題点を明確にし，長年にわたって蓄積された固有技術を生かし，解析や改善のためのPDCA のサイクルを確実に回して，QC 手法を活用していくことである．

　問題解決の活動において有効な QC 七つ道具を，表11.1 に示しておく．この表では，どのステップでどのような QC 七つ道具を活用すればよいかを明らかにしている．また，表11.2 に品質管理セミナー・ベーシックコースの班別研究会で活用されている「問題解決の進め方チェックシート」[8]をのせておくので，活用されたい．

表 11.1 問題解決に使われる QC 七つ道具

QC手法 (QC七つ道具) / 主な用途 / 問題解決の手順	問題点を把握する	要因を解析する	改善効果をチェックする	着目をチェックと管理の定歯止めをする
特性要因図　要因をもれなく拾い上げて整理する．	◉	○		
パレート図　たくさんある問題点から真の問題を把握する．	◉	○	○	
グラフ　データを目でながめられるようにする．	○	○	○	○
チェックシート　簡単にデータをとったり，点検もれを防ぐ．	○	○	○	○
管理図　工程が安定状態にあるかどうかを調べる．	○	◉	◉	◉
ヒストグラム　分布の姿を把握したり，規格と対比する．	○	◉	◉	
散布図　対になった2組のデータの関係をつかむ．		◉		

（注）◉印：とくに有効であるもの，○印：主としてもちいられるもの

表 11.2 問題解決の進め方チェックシート

項　　目	内　　容	着　　眼　　点
1.　テーマ 　　の選定	1.　目的は，明確か？ 　　何が，いちばん大切 　　か？	(1)　なぜこの問題をとりあげたのか？ (2)　あなたの仕事のなかで何がいちばん大切か， 　　全体的にみてどうか？ (3)　この問題は会社，部・課などの方針にあっ 　　ているか？ (4)　対象とする工程，ロット(母集団)は，明確 　　か？ (5)　テーマのしぼり方は適切か？
	2.　協力体制はできて 　　いるか？	(1)　上司の承認はえているか？ (2)　関係部門の協力はえているか？ (3)　必要なときはプロジェクト・チームを編成 　　する． (4)　必要な経費はとれるか？
	3.　現状(悪さかげん) 　　は，把握できている 　　か？	(1)　過去のデータがあるか？ (2)　データの履歴(サンプリング方法，測定方 　　法，5W1H)がわかっているか？ (3)　いままでの状態を綿密に調べたか？ (4)　グラフ，ヒストグラム，管理図，パレート 　　図などに示したか？ (5)　特性値は明確か？ (6)　データは日常とれるか？ (7)　測定誤差はわかっているか？
	4.　目標は明確か(具 　　体的な実行計画書は 　　作成したか)？	(1)　目標達成時期はいつか？ (2)　特性値はどうか？ (3)　評価の基準は明確か？ (4)　期待利益はどのくらいか？
2.　解　析	1.　特性要因図のつく 　　り方はよいか？	(1)　原因と結果の意味がはっきりしているか？ (2)　アクションのとれるものととれないものが 　　分離されているか？ (3)　関係者多数の協議により作成したか？ (4)　原因が40以上あるか？ (5)　10大原因(考えられる)に○印を，3大原因 　　に◎印をつけたか？

11. 問題解決の手順　　　129

表 11.2　つ づ き

項　目	内　容	着　眼　点
2.　解　析	2.　必要なデータを集めたか？	(1)　対応のあるデータが日常たくさん集められるか？ (2)　データの履歴はわかっているか（サンプリング法，測定法，5W1H），自分でデータをとったか？ (3)　そのデータは工程中のものか，選別や調節後のものか？ (4)　特性要因図のなかの重要な原因で層別しているか？ (5)　パレート解析は行なったか？ 　　ⓐ　損失が金額に換算されているか？ 　　ⓑ　項目が原因，現象，工程，場所などに層別されているか？
	3.　QC手法の面からの検討はよいか？	(1)　QC手法の使い方はよいか？ 　　ⓐ　集団化（まとめてみる）…ヒストグラム，母数と統計量． 　　ⓑ　時系列（時間でひきのばしてみる）…グラフ，管理図． 　　ⓒ　差（層別してみる）…検定・推定，実験計画（分散分析，直交表） 　　ⓓ　関係（お互いの関係をみる）…相関，回帰． 　　ⓔ　寄与率（そのなかでデッカイものは何か）…パレート図． (2)　データの解析の仕方はよいか？ (3)　結果の解釈は妥当か？
	4.　固有技術の面からの検討はよいか？	(1)　現場はよく調べたか？ (2)　現場の職班長の意見はきいたか？ (3)　スタッフの意見はきいたか？ (4)　関係の文献，規格，標準などを調べたか？
3.　対　策	1.　対策の内容が明確か？	(1)　対策の内容と解析結果の結びつきはうまくいっているか？ (2)　再発防止対策か，たんなる手直し処理か，その区別は明確か？ (3)　いくつかの対策案で比較検討したか？

130

表 11.2 つ づ き

項　　目	内　　　　容	着　　眼　　点
3.　対　策	2.　対策の実行計画書を作成したか？	(1)　この対策の実行責任者は決まっているか？ (2)　対策案の試行はいつか？ (3)　効果(試行による)は予測とあっているか？ (4)　関係部門との調整は行なったか？ (5)　実施評価の基準(効果および時期)は，明確か？ (6)　本実施の時期はいつか？
	3.　標準化(歯止め)は実施されたか？	(1)　管理点および管理特性は明確か？ (2)　管理特性は管理図で管理するか？ (3)　標準類(作業標準など)の作成または改訂が行なわれたか？ (4)　標準類の作成ならびに改訂についての作業者への徹底は行なわれたか？ (5)　標準類の関連部門との調整は行なったか？
4.　残された問題	1.　対策事項の内容について反省したか？	(1)　対策ができなかった場合，その理由を明らかにし，再度調査解析する意欲はあるか？(対策できなかった場合のみチェック) (2)　再度解析の対策をすすめるか？ (3)　反省を記録にとどめたか？
	2.　次の問題は考えたか？	(1)　次のテーマは何か？ (2)　1.項(テーマの選定)にもどる.

11.3　要因解析のコツ

「問題解決の 8 つの手順」のなかでもっとも大事な手順は，第 5 の手順の「要因解析」である．QC サークルや QC チーム活動のリーダーやメンバーの人たちから，

- テーマにとり組んで半年たったが，いまだに解決できない
- いろいろやってみたが，一向によくならない

11. 問題解決の手順　　131

● テーマがむずかしすぎて，自分たちの手におえない

などの声をよく耳にする．

　これらの要因を探ってみると，本当の原因をつかまえないで思いつくままに
対策を打っている場合が多い．要因解析の段階で，問題点に対する原因と結果
との関係をしっかりつかみ，問題に対して大きな影響を与えている「真の原
因」をみつけ出し，これに対して手を打っていくことが大切である．そのため
には，次の7つのステップを追っていくことである．

☙ 要因解析のための7つのステップ ☙

[ステップ 1]　　目的を明確にする．

　　　　　　　なにを，どのように調べればよいのか，解析の目的をはっき
　　　　　　りさせる．

[ステップ 2]　　現場をよく観察する．

　　　　　　　人間の五官(見る，聞く，臭ぐ，味わう，触る)を働かせて，
　　　　　　現場をよく観察し，現状がどうなっているのか，どこが具合悪
　　　　　　いのかを調べる．

[ステップ 3]　　要因と結果との関係を整理する．

　　　　　　　要因と結果との関係を技術的，経験的な知識にもとづいて考
　　　　　　察し，特性要因図に整理する．

[ステップ 4]　　特性値を決める．

　　　　　　　製品や仕事の良否の特質をあらわす特性値はたくさんある．
　　　　　　これらの特性値のうちから，問題究明のために解析しなければ
　　　　　　ならない特性値を決める．

[ステップ 5]　　データをとる．

　　　　　　　「誰が，なにについて，いつ，どこで，どのようにして」デ
　　　　　　ータをとるのかを明確にして，チェックシートを作成し，これ

をもちいてデータを収集する.

[ステップ 6]　解析する.

　　　要因解析の道具はいうまでもなく QC 手法である. QC 手法を活用してデータを解析し, 要因と結果との関係を統計的に把握する.

[ステップ 7]　考察し, 結論を導く.

　　　解析結果について技術, 経験, 上司の意見, 費用などの情報を加味してよく考察し, 結論を導く.

11.4　QCストーリー

QC サークルや QC チームなどの職場のグループで改善活動を実施した場合には, 必ず「改善活動報告書」としてまとめておくことである.

報告書にまとめるということには, 次のような意義がある.

▼ 報告書作成の意義 ▼

(1)　活動の反省になり, 今後の方向づけができる.

(2)　他のグループや読む人の参考になり, 活動事例の水平展開につながる.

(3)　記録として残し, 経験・技術の蓄積になる.

(4)　まとめることにより自分自身に力がつく.

(5)　文章のまとめが上手になり, 業務報告がうまくなる.

(6)　まとめてみることにより, 全員でやったという充実感がわく.

(7)　どこで, どのような手法を使ったらよいか, 手法の使い方がうまくなる.

(8)　QC サークル活動や QC チーム活動のレベルアップにつながる.

(9)　活動内容の整理ができる.

11. 問題解決の手順　　　133

⑽　報告書がほかの QC サークルや QC チームの刺激になる.

報告書をまとめるにあたっては,「QC ストーリー」にしたがって書くとよい. ストーリーとは,「物語, 筋書き」のことである.

"QC ストーリー" とは,

　　「QC サークルや QC チームなどで改善活動や問題解決の行動を行なっ

　　たあとで, その活動成果を報告するさいの話の筋書きをいう.」

この筋書きで話をまとめ, 発表すると, 改善活動の結果をわかりやすく, 要領よく報告することができる.

QC サークルの体験談のまとめや, QC サークル活動の発表によく使われている標準的な QC ストーリーを, 次に示しておく.

♥ QC ストーリー ♥

(1)　QC サークルの紹介.

(2)　テーマ選定の理由と目標の設定.

(3)　工程の概要.

(4)　活動計画の立案.

(5)　要因の解析.

(6)　改善案の検討と実施.

(7)　改善効果の把握.

(8)　標準化(歯止め).

(9)　活動の成果.

⑽　活動の反省と今後の進め方.

QC ストーリーをまとめるにあたっての留意点は, 次のとおりである.

♣ QCストーリー作成のコツ ♣

(1) 骨組みを決め，訴えたい点，活動のポイント，**強調**したいところを明確にすること——ヤマ場のない，訴求点のない活動ほど，聞いていてつまらないものはない．

(2) **図表や絵**を活用して，目でわかるように工夫すること——「一枚の絵は100万語にまさる」といわれている．数字や事象は視覚化し，読む労力から解放することが大切である．

(3) 文章は短くし，なるべく**個条書き**にすること——長い文章はコッテリした料理と同じで，食欲はわかない．

(4) **表題**は，いいたいことや要点を簡潔につけること——ひと目みただけで，その内容がズバリとわかるようにする．表題だけでその内容を十分にあらわせないときには，サブタイトルをつけて補う．

〔例〕　電子部品慢性不良の撲滅
　　　　——QC手法を活用して工程能力を向上——

(5) **専門用語**やむずかしい漢字を使わないこと——わかりやすい言葉や文字を使うこと．

(6) **大見出し，小見出し，句読点**を忘れないこと——料理の盛り方で食欲が出てくるのと同じで，読みやすくすることが肝要である．

(7) 内容は**端的**に，相手の身になって書くこと——まわりくどい説明でなく，事実や経過を率直に，読む人の立場にたって意をつくすこと．

(8) **正しく**わかりやすく書くこと——事実を紛飾してはいけない．脚色すると，必ずつじつまがあわなくなるものである．

(9) **現代仮名遣い，口語体，である調**とすること——「ます調」，「です調」は，手紙などで使用されるが，活動報告書は「である調」がよい．

(10) **添削**をくりかえすこと——何度も読みかえして，不必要な言葉や本筋に縁のうすいところは切り捨て，文章の意味がはっきりつながるようにする．

11. 問題解決の手順　　135

QC サークル活動や QC チーム活動などのグループ活動において，活動結果を発表することは大切なことである．自分たちの活動をまとめ，報告することによって，上司や部外の人たちに活動内容を評価してもらったり，自己評価するために発表を行なう．そして，これらの発表は自己研鑽や相互啓発の場として活用することが大切である．

次に，QC サークル活動における上手な体験談発表を行なうための留意点についてのべておこう．

▼ 上手な発表を行なうコツ ▼

(1) QC 手法による要因解析，創意工夫による改善策，運営の工夫など，内容のしっかりした活動とすること．

(2) **QC ストーリー**にしたがって話をまとめ，活動内容の特長を強調し，苦心談，メンバーの活躍にも触れること．

(3) 専門用語は避け，説得力のある話し方を考え，聞く人に**わかりやすい**発表とすること．

(4) **掛図**や**OHP**(オーバーヘッド・プロジェクター)をうまく使うこと．

(5) **発表練習**をくりかえし，言葉は明瞭に，楽しさが出るようにすること．

(6) **発表時間**は，厳守すること．

(7) **質問**は，よく内容をたしかめてから，要領よく回答すること．

11.5　重原油タンクスラッジ量測定作業時間の短縮事例

この事例は，関西電力高砂火力発電所の「かざぐるまサークル」が，スラッジ量(重原油がバター状に堆積したもの)の測定作業時間の半減を目指し，QC 手法の活用，実験のくりかえし，創意工夫を重ね，みごとに成功した QC サークル活動事例[9](藤川敏一氏による)である．

1. はじめに
関西電力(株)高砂火力発電所は近畿一円の家庭や工場で使われる電気を作っています。私達は、その中で発電用の重原油をタンクに受け入れボイラーに送るまでの作業を受け持っています。

2. テーマ選定理由
スラッジ量測定作業は、60℃以上の高温の場所で行うため肉体的疲労が大きく、しかもこの作業は、2時間以上もの長時間におよんでいます。

3. 現状把握
(1) 作業手順　　(2) 作業時間（昭57.10～昭58.3実績）

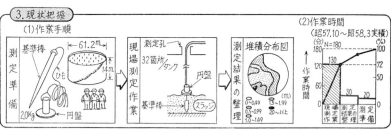

4. 目標設定
現場測定作業時間の短縮
現状 130分 → 50% → 目標 65分

制約条件：
1. 作業人員をふやさない。
2. 測定箇所数をへらさない。
3. 測定値の精度をおとさない。

QCサークル紹介	かざぐるま サークル (57年6月結成)		
本部登録番号	174241	月あたり会合回数	2回
構成人員	7名(男7名/女)	1回あたり会合時間	1.5時間
平均年齢	49歳	合会は (就業時間内/就業時間外)	就業時間内外
最高年齢	59歳	テーマ (このテーマで)	3件目
最低年齢	28歳	本テーマの活動期間	58年2月～58年6月
* 高砂火力発電所 運転課		勤続36年 〈発表形式〉ビラ OHP 他( )	

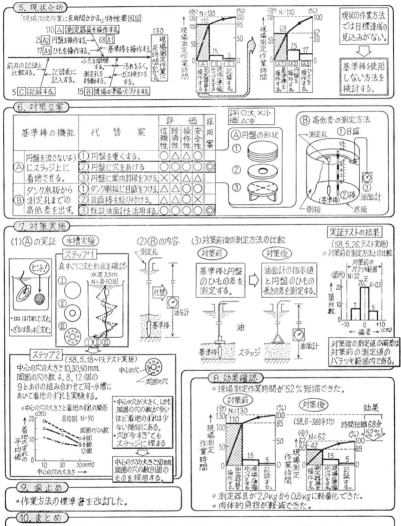

12. 標　　準　　化

――標準をつくり，守り，生かしていくこと．

12.1　標準化の必要性

品質管理と標準化の関係は，非常に深い．事実，標準化が不十分なために，

- 毎日工程で不良品を出している
- 出張旅費計算のランクを間違ったため，誤った金額を支給した
- 注文品を他のお客ととりかえて手渡した

などの問題を起こしている．

　工業生産や販売・サービスにおいて，標準化は不可欠な要素である．

　企業活動を積極的に推進するためには，企業活動における構成者が「いつ，どこで，何を，どのようにすべきか」の役割をとり決めておかなければならない．このとり決めは，企業が意識して設定しなければならないもので，このようにすることで企業の管理のサイクルを効果的に回転させることができる．

　企業が目標達成を目指して活動するためには，組織の役割や仕事のやり方をはっきり決めるとともに，このとり決めにしたがいさえすれば誰でもその役割が果たせるように，具体的に書いたものにしておかなければならない．ここに

標準化の意義がある.

　もちろん，標準化を行なわなくても品物はできるし，売れるかもしれない．しかし，これでは仕事のバラツキが大きく，安定した品質のものはえられず，作業上にも多くの問題やムダが生じることになる．企業は，誰がやっても，いつやっても，同じような仕事ができるように，そしてムリ・ムダ・ムラの生じないように，材料・機械・人・方法を統一化・単純化し，標準化せざるをえないのである.

　標準化のねらいは，企業目的を達成するために，

(1)　社内の技術を標準化し，固有技術を蓄積して効果的活用をはかる

(2)　社内の業務運営を定め，業務の合理化・効率化をはかる

ことにある.

12.2　標 準 化 と は

　標準とか標準化という言葉は，比較的あいまいな意味でもちいられていることがある．品質管理や標準化を確実に実施していくためには，これらの言葉を明確に定義しておかなければ，混乱をきたすおそれがある.

　JIS Z 8101「品質管理用語」では，次のように定義している.

　"標準(standard)**"** とは，

　　　「関係する人々の間で利益または利便が公正にえられるように統一・単純化をはかる目的で，物体・性能・能力・配置・状態・動作・手順・方法・手続・責任・義務・権限・考え方・概念などについて定めたとり決め.」

　"標準化(standardization)**"** とは，

　　　「標準を設定し，これを活用する組織的行為.」

　標準化という言葉を，「標準を設定するだけでなく，これを活用することまでふくめた行為」と定義していることに意味がある．端的に表現すると，

12. 標準化

"標準化"とは,

「物や仕事のやり方について標準を決め,これを活用すること.」

といえる.

「標準規格」については,規格の設定に参画する関係者の範囲をどの程度にするかによって,次の4種類に分けられる.

(1) 社内標準——1企業の範囲内で適用されるもの.

(2) 団体規格——工業会とか学会,協会などのような1つの団体の内部で適用されるもの.

(3) 国家規格——1つの国の範囲内で適用されるもの.

(4) 国際規格——関係各国間に国際的に適用されるもの.

表12.1に,これらの標準の主なものを示す.

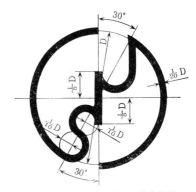

工業標準化法第19条に基づく指定商品について,その製造業者が同条の許可を受けた場合に,その指定商品またはその包装,容器もしくは送り状につけるマーク.

図 12.1 JIS マーク

表 12.1 主な社内外の標準・規格

種類	標準の範囲	標準の例
社内標準	会社または工場などで制定され,原則としてそれらの範囲内でのみ適用される.	・技術標準 ・作業標準 ・製品規格 ・原材料規格 ・設計規格,など
団体規格	工業会,学会,協会,団体などによって制定され,原則としてそれらの団体および構成員の内部においてのみ適用される.	(1) 国内 ・CESM(通信機械工業会) ・EIAJ(電子機械工業会) ・JASO(自動車技術会) ・JASS(日本建築学会) ・JCS(日本電線工業会) ・JEC(電気学会) ・JEM(日本電機工業会) ・JMS(日本船舶標準協会)

表12.1 つづき

団体規格		・JPI(石油学会) ・JWWA(日本水道協会) ・NK(日本海事協会) ・SM(日本船用工業会) (2)　国外 ・ABS(アメリカ船級規格) ・API(アメリカ石油学会規格) ・ASME(アメリカ機械学会規格) ・ASTM(アメリカ材料試験協会規格) ・FS(アメリカ連邦政府調達局仕様書) ・IEEE(アメリカ電気学会規格) ・LR(イギリス船級規格) ・MIL(アメリカ国防省軍用規格) ・NEMA(アメリカ電気製造業者協会規格) ・SAE(アメリカ自動技術者学会規格) ・UL(アメリカ保険業者研究所安全規格) ・VDE(ドイツ電気学会規格)
国家規格	国家または国家標準化機構として認められた団体により制定され，その国全体に適用される.	(1)　国内 ・JIS(日本工業規格) ・JAS(日本農林規格) (2)　国外 ・ANSI(アメリカ規格) ・BS(イギリス規格) ・CSA(カナダ規格) ・DIN(ドイツ規格) ・GOST(ソ連規格) ・NF(フランス規格)
国際規格	国際的組織によって制定され，国際的に適用される.	・ISO(国際標準化機構規格) ・IEC(国際電気標準会議規格)

12.3　社内標準化の進め方

(1)　社内標準化の効果

社内標準化は，TQC を推進するうえで欠かせない機能である．しかしながら，

12. 標 準 化　　　143

- 社内に標準がない
- 社内標準化の体系ができていない
- 社内標準をつくることのみに重点がおかれ，守り，活用することが行なわれていない

などの問題がある.

JIS Z 8101「品質管理用語」では，社内標準という言葉は，次のように定義している.

"社内標準(company standard)" とは,

「会社・工場などで材料，部品，製品および組織ならびに購買，製造，検査，管理などの仕事に適用することを目的として定めた標準.」

よって，社内標準化という言葉は，次のように説明できる.

"社内標準化" とは,

「1つの企業の内部で，その企業活動を効率的かつ円滑に遂行するための手段として，社内の関係者の合意によって社内標準を設定し，それを活用していく組織的な行為のこと.」

社内標準化の目的と効果として，次のような点があげられる.

▼ 社内標準化の 10 の効果 ▼

[その1] 個人や企業の固有技術を，企業の技術として蓄積できる.

[その2] 蓄積された技術をベースにして，技術力の向上がはかれる.

[その3] 部品や製品の互換性やシステムの整合性が向上し，コスト低減に寄与でき，日常生活の利便さが増す.

[その4] 社内に会社方針や計画の内容を周知させることができる.

[その5] カタログ，仕様書などにより，買手に対して売手の情報を的確に伝達できる.

[その6] 業務のやり方が統一化されるので，部門内・部門間の連携がよく

144

なる.

[その7] バラツキを管理し，バラツキを低減させることによって，品質が安定する.

[その8] 業務の統一化，ルール化が進み，能率が向上する.

[その9] 設備保全や災害予防の確立によって，労働災害を未然に防止し，作業者の安全，健康，生命の保護に寄与する.

[その10] 製品規格などによって，安全性・信頼性に富む製品を社会に供給し，消費者および社会の利益に貢献できる.

（2） 社内標準化の体系

社内標準化を進める場合には，社内標準の分類体系を明らかにしておかなければならない. そうでなければ，

① 全社的な標準化を体系的かつ計画的に進めることができない

② 制定すべき標準の脱落や重複が生じ，社内標準化を効率的に進められない

などの問題が生じる.

社内標準の分類体系のあり方については，業種，生産形態，企業規模，組織などによって，それぞれ異なってくるので一概にいえないが，一般的な体系は図 12.2 のとおりである. また，その詳細を表 12.2 に示す.

（3） 社内標準化の進め方

標準化活動は，前述のように組織的行為である. よって，全社的に進めなければならない. すなわち，

経営方針→教育・訓練→組織・責任・権限の明確化→問題点の明示→工程の解析→工程の改善→標準化→工程の管理→苦情処理→品質監査

などのサイクルのなかで，標準化を組織的に進めなければならない.

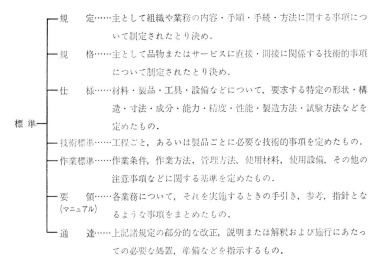

図 12.2　社内標準の体系例

社内標準化のプロセスは，大別すれば

① 社内標準の制定
② 社内標準の実施
③ 社内標準の改訂，廃止

の3つに分けられるが，これをさらに主要なプロセスに分解し，その仕事の分担の概要を示すと，図12.3のとおりである．

標準化は，会社や工場によって異なる．業種，工場の規模，工程編成のやり方，もののつくり方などのちがいによって，すべて異なってくる．

したがって，標準化にあたっては自社のビジョンや現状を考慮して，具体的に方針を決定し，その方針に見あった，しかも時代にあった，独自のものをつくり出すという設計的アプローチでのぞむ必要がある．

社内標準化の進め方を手順的にまとめると，表12.3のようになる．

標準化の点検にあたっては，次のようなチェックポイントについて行なうと

表12.2 社内標準の体系例

大分類	中分類	小分類	内容	拘束関係	制定権者	作成管理者
規定	基本規定	総合的品質に関する諸規定総則	諸規定の基本的な体系と運用方法を定めたもの	すべての規定を拘束する	事業部長	
	組織規定	総合的品質に関する会議委員会規定	会議委員会の組織運営の基本的な事項について定めたもの	業務規定を拘束する	事業部長	
	業務規定	業務管理規定	各業務について関係部門の任務と業務の流れおよび主管部門がその業務について統制する方法について定めたもの	業務規定を拘束する	主管部長 工場長	担当課長
		業務規定	業務管理規定に定められた業務処理、手続の具体的な方法、手段、順序等について定めたもの	—	主管部長 工場長	担当課長
規格	設計に関する規格	製品規格	製品の定格、使用材料、構造、性能、耐久性および試験方法などについて製品として満足すべき基本的事項を定めたもの	他の規格すべてと製品仕様書を拘束する	事業部長	設計担当室室長（技術部長）（承認）
		部品規格	部品の定格、構造、性能、耐久性および試験方法などについて部品として満足すべき基本的事項を定めたもの			
		材料規格	材料の成分、強度、特性とそれらの試験方法などについて材料として満足すべき基本的事項を定めたもの			
		耐久規格	製品の回転運動及び構造体の耐久性、開閉部分、駆動部分の耐久性について定めたもの	該当する部品、材料、包装等について作成する仕様書を拘束する		
		包装規格	梱包の構造、強度、表示とその試験法などについて梱包として満足すべき基本的事項を定めたもの			
		表面処理規格	表面処理の特性、外観、耐久性とそれらの試験方法などについて表面処理として満足すべき基本的事項を定めたもの			
		寸法規格	プレス品、鋳鍛造形部品等に適用する普通寸法公差について定めたもの			
		表示規格	製品に表示する事項について定めたもの			
	試験方法に関する規格	製品試験法規格	製品の試験について、その手順、条件、方法、測定器具など試験方法の統一を目的として定めたもの	他の規格 仕様書に採用された時、その規格、仕様書と同じ拘束力をもつ	事業部長	設計担当室室長（技術部長）（承認）
		部品試験法規格	部品の試験について、その手順、条件、方法、測定器具など試験方法の統一を目的として定めたもの			
標	設計に関する仕様書	企画仕様書	企画目的、品質目標、目標価格、大日程、意匠ポリシーなどについて製品ごとに企画のねらいを定めたもの	設計試作段階において製品、部品、材料に関する個々の仕様書の作成の根拠を規制する	事業部長	設計担当室室長 企画室長
		設計仕様書	設計目的、品質目標について製品ごとに企画の品質目標を具体的に定めたもの		技術部長	設計担当室室長

12. 標 準 化

準	中分類	名称	説明	拘束	職位
仕様	製品、部品材料に関する仕様書	製品仕様書	製品ごとにその名称、品名、仕向地、定格、製品の特性、品質特性などを定めたもの	品、材料、包装、検査、製造に関する仕様を拘束する	設計担当室長／工場長・技術部長
		部品明細表組立図（図面）	製品仕様書の一部で構造、構成部品などを定めたもの。部品図面も含める		担当課長／工場長
		部品仕様書	部品ごとにその種類、等級、寸法、処理、加工、性能、耐久性などを定めたもの。部品図面も含める	検査、製造に関する仕様を拘束する	担当課長／課長
		包装仕様書	製品の包装、構造、梱包の方法などを製品ごとに定めたもの		担当主任／課長
		カラー指令書	製品の主要部分の色を定めたもの		担当課長／工場長
		材料仕様書	使用材料について板厚、剪断寸法、機械的性質等品質について定めたもの		
	検査に関する仕様書	完成品検査仕様書	製品ごとに完成品として検査すべき項目、良品、不良品の判定基準、検査方法などを定めたもの	製造に関する仕様書を拘束する	担当課長／工場長
		部品検査仕様書	部品ごとに検査項目、ロットの合否、判定基準、検査方法などを定めたもの		担当主任／課長
		材料受入検査仕様書	原材料ごとに検査項目、個々の判定基準、ロットの合否判定基準、検査方法などを定めたもの		担当課長／工場長
	製造に関する仕様書	製造法仕様書	組立作業に関して組立方法、製造条件等について定めたもの	作業指図書等を拘束する	設計担当室長／技術部長
		工程管理基準書	工程ごとの管理項目、管理方法、管理基準などを定めたもの		職・班長・担当者／長・課
		接着剤塗布仕様書	接着部品ごとに使用する接着剤名を定めたもの		
		作業指図書	作業者ごと、装置ごとに作業方法について、安全、品質、能率などから要求される事項を定める	一	
	設備に関する仕様書	設備仕様書図面	製造検査に使用する設備。製造に使用する治工具とその材質、構造、精度、性能などを定めたもの。その図面も含める。又、取扱い説明書も含める場合は	一	担当主任／課長
		治工具仕様書図面			
		金型仕様書図面			
		ゲージ仕様書図面			
要領	業務を推進していくための手引書	要領（マニュアル）	各部門の業務を正確かつ効率的に行なうために作成する手引書	一	担当者／課長

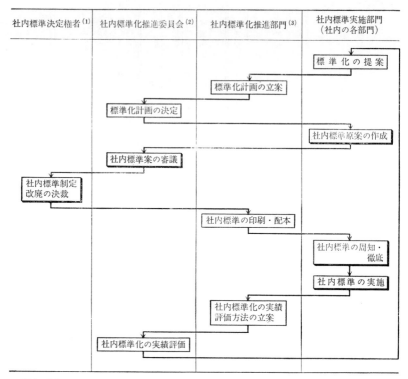

(注) (1) 社内標準の種類によって，経営者またはそれぞれ権限委譲された職位の責任者．
(2) 標準化委員会，品質保証委員会など標準化推進の機能をもった委員会．
(3) 社内標準化推進委員会の事務局を担当している部門．

図 12.3 社内標準化の制改訂および実施手続き(委員会方式による場合)

よい．

♦ 標準化のチェックポイント ♦

(1) 全社的な標準の体系はできているか？
(2) 標準の制定は促進されているか？
(3) 標準の制定・改廃の方法は定められているか？

12. 標　準　化

表 12.3　社内標準化の手順

No.	ステップ	実　施　事　項
1	標準化体制りづくの	(A)　トップ，管理者層へ働きかける． (B)　標準化の中心的役割を果たす部門(人)を決める． (C)　全員参加への働きかけを行なう．
2	標準化の計画 (plan)	(A)　標準化システムの設計とその考え方． 　　ⓐ　企業の標準化活動の目的を明確にする． 　　ⓑ　概要設計をする． 　　ⓒ　詳細設計にする． 　　ⓓ　実行可能な案を選択する． 　　ⓔ　実行手順を設計する． (B)　標準化システムの要素． 　　ⓐ　標準化の目的を文章化する． 　　ⓑ　標準化体制を定める． 　　ⓒ　社内標準の体系を定める． 　　ⓓ　標準化の事務処理方法を決める． 　　ⓔ　標準を教育する．
3	標準化の運営 (do)	(A)　運営のための計画． 　　ⓐ　標準の分類と番号づけを行なう． 　　ⓑ　標準のとりあつかい方法を決める． 　　ⓒ　標準の発行・改訂・廃止について決める． 　　ⓓ　各種情報を収集，伝達する方法を決める． (B)　標準をつくるための注意点． 　　ⓐ　標準そのものもシステムである． 　　ⓑ　コストとの適合をはかること． 　　ⓒ　縦系列にすぐ集められること． 　　ⓓ　改善をうながす． (C)　使用上の注意点． 　　ⓐ　標準どおりに実施する． 　　ⓑ　使い方を工夫する． 　　ⓒ　教育に活用する． 　　ⓓ　各部門にわたる標準は総合訓練をする．
4	標準化の評価 (check)	(A)　総合的に評価する． (B)　部門別に評価する．

150

(4) 標準の目的が明らかであるか？

(5) 技術の蓄積ははかられているか？

(6) 標準は活用されているか？

(7) 統計的方法の活用はよいか？

(8) 標準の内容は適当か？

(9) 実行可能なものか？

(10) とりあつかう人によって解釈を異にするようなものでないか？

(11) 関連する標準と矛盾する点がないか？

(12) 守られる内容のものであるかどうか？

(13) 使いやすい体裁，形式を備えたものかどうか？

12.4 作業標準の目的と内容

（1） 作業標準とは

部品を組立てたり，機械加工をする場合でも，原材料や製品を検査する場合でも，事務所で伝票を発行したり帳簿をつけたりするときでも，作業にはそれぞれの作業のやり方がある．慣れた人は要領よく作業ができても，新たにその作業に従事した人は定められた時間までに作業ができず，できばえも思わしくない．また，慣れた人であっても，人によって作業のやり方がちがっていて，よく調べてみると能率が悪かったり，できばえがちがっていたりすることがある．

「100％良品」を達成するためには，次の点を守らなければならない．

① 正しい仕事のやり方を決める．

② 決められたとおり，確実に作業を進める．

③ 仕事のやり方に具合の悪いところがあれば，これを改める．

この「正しい作業のやり方」を決めたものが，作業標準である．

12. 標　準　化　　　　151

JIS Z 8101「品質管理用語」によると,

"作業標準" とは,

> 「作業条件, 作業方法, 管理方法, 使用材料, 使用設備, その他の注意
> 事項などに関する基準を規定したもの.」

と定義されている. 簡単には,

> 「よい品質の製品を, 安く, 速く, 楽につくるために, 正しい作業のやり
> 方と行動を規定したもの.」

と考えておけばよいであろう.

　作業標準書類は, その内容によって, あるいは工場によっていろいろな名前
でよばれている.

> 作業標準書, 作業手順書, 作業指図書, 作業指示書, 作業要領書, 作業指
> 導書

などである.

(2)　作業標準の目的

作業標準をつくるという立場から目的を分類すると, 次のようになる.

▼▼ 作業標準作成の目的 ▼▼

(1)　作業のやり方と行動を規定する.

(2)　作業を円滑に進めていくための適切な命令, 指示, 指導, あるいは監
　　督を行なえるようにする.

(3)　作業の分担範囲を明確にし, 各作業間に矛盾のないように相互調整を
　　はかる.

(4)　各部門における責任と権限を明確にする.

(5)　作業のやり方を均一化することにより, 管理と改善をやりやすくす
　　る.

(6) 作業のくりかえしにおける一貫性を明確にする.

(7) 作業者に対する教育・訓練が容易に行なえるようにする.

(8) 短期間に正しい作業が行なえるようにする.

(9) 技術情報の蓄積をはかる.

（3） 作業標準の内容

作業標準の内容は，次の事項によってちがってくる.

(1) ねらいは何か——作業要領書，作業手順書，作業指図書，作業指示書などのいずれか.

(2) 企業あるいは製造工程の種類は——機械工業・化学工業か，組立工業・装置工業か，連続生産・バッチ生産・一品生産か.

(3) 使用する対象者は誰か——係長，職長，組長，班長，作業者，熟練者，新入社員のいずれか.

内容的にも，

(1) 工程の全体にわたって必要事項を詳細に記述したもの

(2) 作業の勘どころや注意点などを図や写真を使って，できるだけ簡単に，直感的にわかるようにしたもの

など，いろいろなものがある.

そのやり方は，作業標準を使う人，つくる人がお互いに工夫し，自分たちでもっとも使いやすく，守りやすいものに育てあげていくように努力することが重要である. そして，その工場や職場でもっとも適した独自のものにしていくべきであろう.

内容の書き方は，文章を個条書きで記述し，それに必要な図面・表などをつけるのが一般的である.

作業標準の内容としては，一般に次の項目があげられる.

① 適用範囲.

12. 標準化

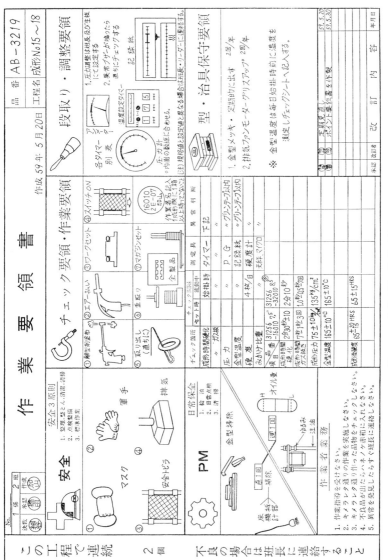

図12.4 成形工程の作業要領書

作業手順書

	（工程名）	品番	EW 213.212
	定速排気弁（ツ）組立（1/2）（P.1/2）	NO.	EW 213 Z₂-01 △パナソニック

作業手順	要点・注意点	品質	能率	安全
1. 治具に定速排気弁ケースを挿入する。				
2. 定速排気弁ケースの上よりゴム体Ａを挿入し治具で圧入する。	2-1 ゴム体Ｂを挿入しないようゴム体Ａのセンター穴があいているかを確認する。	○		
	2-2 挿入時ゴム体Ａの方向（図）を確認する。（続）	○		
3. ワイヤー線ブロックをピンセットで定速排気弁ケースに挿入する。	3-1 ワイヤー線ブロックが定速排気弁ケースの溝にはまっているか確認する。	○		
4. ゴム体Ｂと弁支持体を治具で圧入する。それを定速排気弁ケースに挿入する。	4-1 ゴム体Ａを圧入しないようゴム体Ｂのセンター穴がふさがっているか確認する。	○		
5. 押さえバネを弁支持体に置く。	5-1 押さえバネが傾いた状態で置かれていないか確認する。	○		
6. 管継手にオーリングを取り付ける。それを定速排気弁ケースの2ヶ所の爪に合わせ取り付ける。	6-1 管継手が定速排気弁ケースの2ヶ所に確実にはまっているか確認する。	○		
7. 治具より取り出し定速排気弁ケースにオーリングを挿入する。	7-1 定速排気弁ケースの根本まで挿入され奥まで挿入されているか確認する。	○		

6

6-2 オーリング（P-10）

6-1 管継手

8. Ｌ型パイプ

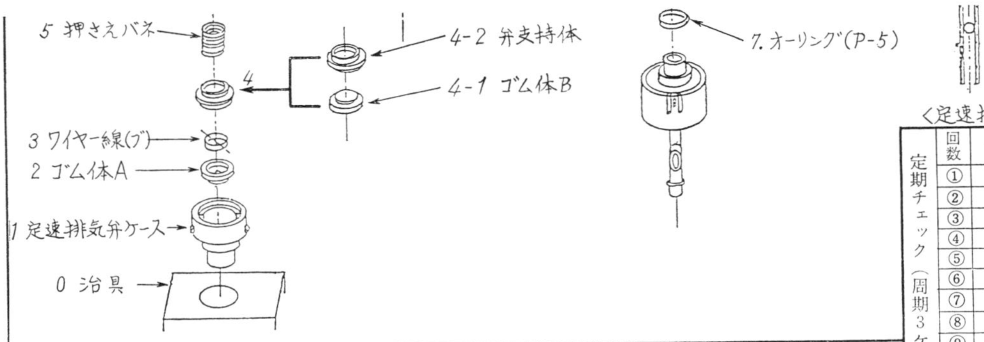

<定速排気弁(ブ)組立図>

定期チェック（周期3ケ月）	回数	予定年月	実施年月
	①	57.6	57. 8
	②	57.9	57.11
	③	57.12	58.1
	④	58.3	58.4
	⑤	58.6	58.7
	⑥	58.9	58.9
	⑦		
	⑧		
	⑨		
	⑩		
	⑪		

制定	57 年 3 月 1 日	承認		制定		検討		立案	

標準時間 回数	年/月		設備計測・治具・器具・検具 名称	仕様・精度	管理No.
△	／		治具		
△	／		ピンセット		
△	／				
△	／				
△	／				

部品名	員数	部品名	員数
弁支持体	1	L型パイプ	1
ゴム体B △	1	オーリング（P5）	1
ワイヤー線ブロック	1	管継手	1
ゴム体~~C~~ △A	~~2~~ 1	押さえバネ	1
定速排気弁ケース	1	オーリング（P10）	1

変更履歴 回数	年月日	変更理由	承認	検討	変更	上位標準変更	下位標準変更
△1	57・12・1	ゴム体CをABに変更					
△2	58・9・24	パナソニック仕様					
△	・　・						

本標準の制改廃責任者	班　長	（注）本標準を変更した場合は必ず上位及び下位標準変更要請を行い，変更されたことを確認すること	上位標準	管理工程図	下位標準	

図 12.5　作業手順書

私 の 管 理 点			品番	EW 213
(工程名) 足速排気弁（ワ）組立　(P. 1/1)			NO.	△パナソニック　EW 213 K₂-01
この箇所の	注　意　点	こうなる		これだけは守ろう
1. 足速排気弁ケースのようにゴム体Aを挿入するとき。	2 ゴム体A（正しい）　1 足速排気弁ケース　4-1 ゴム体B（誤り）挿入	・エアーが排出されない。		・ゴム体のセンターに穴があいているか⑦で全数チェックして挿入する。・ゴム体AとBの保管ボックスを色区分する。
2. ワイヤー線ブロックを足速排気弁ケースの溝に挿入するとき。	3 ワイヤー線（ワ）　1 足速排気弁ケース　溝にワイヤー線ブロックが挿入されていない	・排気がアタマムレになる。		・溝にワイヤー線ブロックが挿入されているか⑦で全数チェックする。
3. ゴム体Bと弁支持体を正しく入れ足速排気弁ケースに挿入する。	4-2 弁支持体　4-1 ゴム体B　1 足速排気弁ケース　弁支持体を下にして挿入すると	・排気がアタマムレになる。		・足速排気弁ケースに挿入の際、ゴム体Bが下向きになっているか⑨で確認する。
4. 管継手を足速排気弁ケースに取り付ける。	6 管継手　1 足速排気弁ケース　（正常）（異常）　確実に爪がはまっていない	・足速排気弁ブロックが分解してしまう。		・足速排気弁ケースの2ヶ所の爪に管継手の爪が確実に取り付けられているか⑩で確認する。

12. 標 準 化

定期チェック（周期3ヶ月）

回数	予定年月	実施年月
①	57.6	57.8
②	57.9	57.9
③	57.12	57.12
④	58.3	58.3
⑤	58.6	58.6
⑥	58.9	58.9
⑦		
⑧		
⑨		
⑩		
⑪		

5. 定速排気弁ケースにオーリングを挿入する。

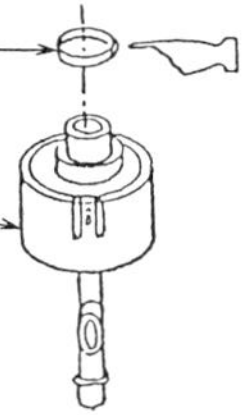

・エアーもれが発生。

・定速排気弁ケースにオーリングが挿入されているかを◯で確認する。

7 オーリング　オーリング挿入わすれ
1 定速排気弁ケース

異常の処置

★異常が発生。発見した場合。ただちに班長に連絡し、指示を変えること。

	承認	検討	立案(内)
制定	57年 3月 26日	(引)	(内)
変更	理由　パナソニック仕様		

	上位標準	下位基準	管理工程図
上位標準変更		変更(内)	

(注)本標準他を変更した場合は必ず上位及び下位標準変更要請を行い、変更されたことを確認すること

制定 変更 履歴	回数	年月日	承認	検討
	△	58.9.24	・	・
	△	・	・	・
	△	・	・	・
	△	・	・	・

本標準の制定改廃責任者　班長

【備考】
★サンプリング法の層別を色で行うこと
・サンプリングを使い易い
・全取前開始前
・途中作業中

図12.6 私の管理点

② 使用原材料，部品．

③ 使用設備，機器．

④ 作業方法，作業条件，作業上の注意事項．

⑤ 作業時間．

⑥ 作業原単位．

⑦ 作業の管理項目と管理方法．

⑧ 規格．

⑨ 異常の場合の処置．

⑩ 設備，治工具の保全，点検．

⑪ 作業人員と作業資格．

図12.4〜12.7に，作業標準の例を示しておく．

図12.5，12.6は，松下電工彦根工場で使用されているものである．製造スタッフの作成した図12.5の「作業手順書」にもとづいて，製造ラインの担当者は1人1人が，自分の担当作業について図12.6のような「私の管理点」を作成している．つねに国際水準をクリアーする品質の維持を目指し，品質にはきびしい当工場の奥田興義 TQC 推進部長も「これにより，作業の重点を押さえたきめの細かい作業が実行でき，標準化意識も高揚し，確実な品質のつくりこみができるようになった」といっている．

（4） 作業標準のもつべき条件

作業標準の内容について考えておくことは，次の事項である[3-e]．

[その1] **目的**にあった内容であること．

[その2] 結果でなく**要因**について規定しておくこと．

[その3] なるべく**具体的**なものであること．

[その4] 誰もが**守れる**作業標準であること．

12. 標準化

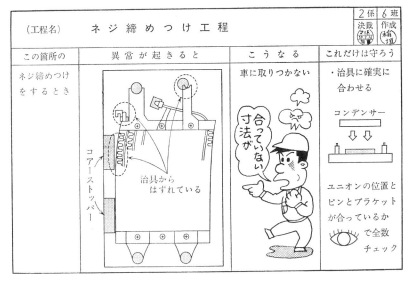

図 12.7 作業の要点を示した作業標準

[その5] 実情に適したものであること．

[その6] 初めから完全なものをねらわないこと．

[その7] 現場の意見を積極的に出し，とりいれること．

[その8] つねに改訂を行なっていくこと．

[その9] 作業の重点を盛りこんだものであること．

[その10] 責任と権限をはっきり示しておくこと．

[その11] 関連事項やほかの標準類と矛盾がないこと．

[その12] 関係部門に認められたものであること．

[その13] 成文化しておくこと．

[その14] 異常の場合の処置を決めたものであること．

[その15] 見やすく，使いやすい作業標準であること．

[その16] 作業標準は守るものであるということを認識しておくこと．

[その17] たんなる「べからず集」でないこと．

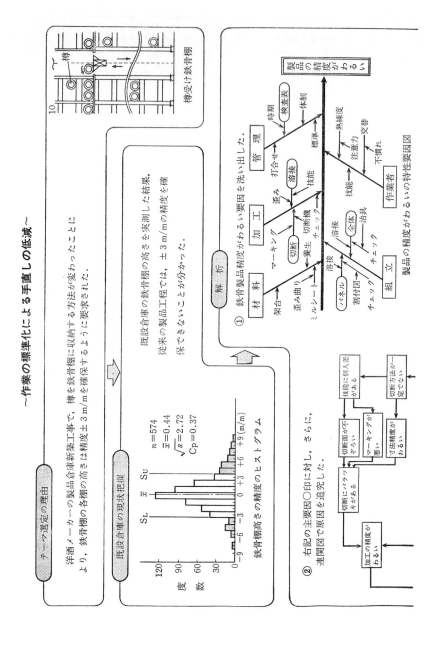

12. 標　準　化

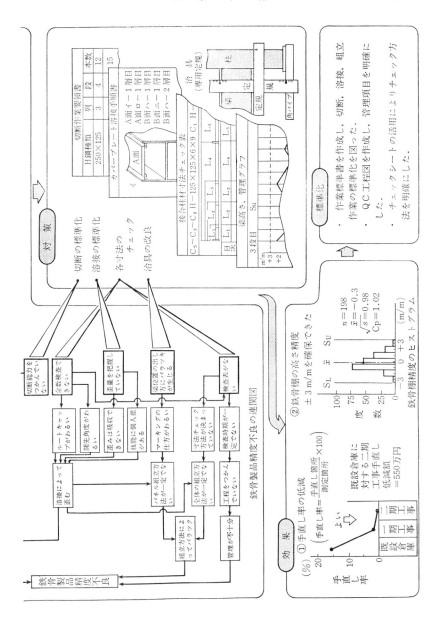

12.5 作業の標準化による手直しの低減事例

標準化は，いままでのべてきたように標準をつくることが目的ではなく，標準化によって品質保証を実現することが目的である．

倉庫新築工事において標準を作成し，品質確保に成功した鹿島建設大阪支店の事例を，160～161 ページに示す．

13. バラツキ管理

——バラツキに注目し，ばらつく原因をつかむこと．

13.1 データは必ずばらつく

われわれは，良い品質の品物をつくるために日々努力している．しかし，同じ工程で，同じ作業者が，同じ作業標準によって，同じ材料を使って，同じ設備で品物をつくっても，できあがる品質（品質特性）には必ずいくらかのバラツキが出る．

コンクリートの強度，部品の寸法，日々の売上高，リレーの開閉時間，バイメタルの動作温度…どれをとっても，データは必ずばらついている．

これは，われわれのうるデータがある処理の効果のほかに，現状ではコントロールできないか，または環境の変化や工程の場の変動の影響を受けているからである．

統計的考え方では，バラツキがあることは認めざるをえないのである．問題は，このバラツキを許された範囲に押さえこむかどうかである．このような，

「データのバラツキに着目し，バラツキをコントロールすることが大切である．」

164

という考え方を，“**バラツキ管理**”という．

バラツキ管理のポイントは，次の2つにある．

(1) データはある値を中心としてそのまわりにばらつくので，

① 分布の姿

② 分布の中心位置（平均値 $\bar{x}$）

③ 分布のバラツキ（標準偏差 s）

をとらえる必要がある．このためには，ヒストグラムが有効である．

(2) 工程において，製品の品質にバラツキを与える原因は数多く存在するが，これらの原因は次の2つに分類することができる．

① 偶然原因(chance cause)によるバラツキ——現在の材料，作業方法などすべて標準どおり行なっても生じる，やむをえないバラツキ．

② 異常原因(assignable cause)によるバラツキ——作業標準を守らない，または標準類が不備などのために生じる，見のがすことのできないバラツキ．

工程を管理していくためには，偶然原因によるバラツキは見のがし，異常原因によるバラツキについては異常原因をとりのぞき，二度と同じ原因によるバラツキが発生しないように的確な処置をとることである．

この2つのバラツキを区分し，工程を解析・管理していくために，管理図が利用される．

13.2 工程能力調査

(1) 工程能力とは

工場における品質管理の問題は，工程能力をつかみ，これを維持し，または改善することである．

品質設計を適切に行なうためには，まず工程能力の把握が必要である．

JIS Z 8101「品質管理用語」によると，

"工程能力(process capability)" とは，

　　「安定した工程のもつ特定の成果に対する，合理的に達成可能な能力の限界.」

と定義している.

　いいかえると，工程能力とは「与えられた標準どおりの作業が行なわれたとき，どの程度の品質が実現するかを示すもの」であって，そのなかでもとくに重要なのは，決められた加工または作業条件のもとで製造された品物のバラツキである.

　製品品質に影響を与える原因として，材料，機械，作業方法，作業者など一般に4Mといわれるものがあるが，これらを統合した工程が現在の技術水準ならびに経済的な水準において，いったいどの程度までの品質の製品の生産を達成する能力があるかという場合，その工程が達成しうる品質の上限のことを「工程能力」という．つまり，

"工程能力" とは，

　　「工程の標準化が十分になされ，異常原因がとりのぞかれ，工程が安定状態に維持されたときの工程の品質に関する能力のこと.」

といえる.

（2）　工程能力調査の目的

　消費者に喜んで買ってもらい，満足して使ってもらえる品物やサービスを企画し，設計し，生産し，販売していくためには，その製品やサービスをつくり出す母体である工程の能力が十分でなければならない．したがって，工程が消費者の要求を十分に満足しうる品質の製品やサービスを生産する能力に欠ける場合は，それに対して工程能力改善のアクションをとり，また十分であればこれを維持していくことが必要である.

いずれにしても，QC活動を推進するには，工程能力の把握が重要であり，工程能力を調査することを「**工程能力調査**」とよんでいる．

工程能力調査の目的を部門別にみると，次のようになる．

❈ 工程能力調査の目的 ❈

① 設計部門——公差や技術目標を決めるときの基礎資料とする．

② 生産技術部門——工程設計，機械・治工具設計，加工条件の設定および変更などの資料とする．

③ 製造部門——工程の品質に関する管理計画，工程管理方法の決定，工程解析などの基礎資料とする．

④ 検査部門——検査方式の設定の参考資料とする．

⑤ 品質管理部門——生産準備状況の評価や出荷品質の評価資料とする．

⑥ 購買部門——仕入先選定の参考資料としたり，購入品の製造品質確認情報とする．

⑦ 販売部門——販売価格決定のさいの参考資料や，得意先への要望のさいの裏づけ資料とする．

(3)　工程能力調査の手順

工程能力を把握するには，基本的には次の方法で行なう．

❈ 工程能力調査の手順 ❈

[手順 1]　工程能力調査を行なう**目的**，つまり調査情報の用途を明確にする．

[手順 2]　調査すべき**品質特性**および調査の範囲を定める．

[手順 3]　品質の変動要因である4M(機械，材料，作業方法，作業者)について**標準化**する．

[手順 4]　調査計画にもとづいて**データ**を収集する．

[手順 5]　$\bar{x}$-R 管理図を作成し，工程が安定状態にあることを確認する．

[手順 6]　ヒストグラムを作成し，工程能力指数(C_p, C_{pk})を計算する．

[手順 7]　**工程能力の有無**を判断し，工程能力が十分であれば維持し，工程能力不足であれば改善を行なう．

具体的には，図13.1 の手順によって行なう．また，工程能力指数 C_p およびカタヨリを評価した工程能力指数 C_{pk} の計算方法[10]を表13.1 に，工程能力の有無の判断基準[10]を表13.2 に示す．

13.3　パーフェクト良品活動

品質管理を導入し，推進することにより，品質意識を高揚させ，品質の安定化をはかることができる．しかし，市場競争はますます激化し，

- ユーザーからの品質要求はきびしくなってきている

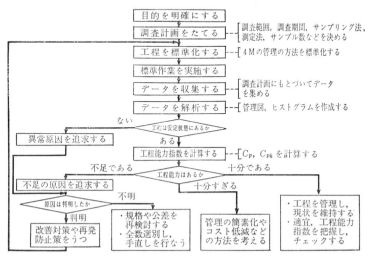

図 13.1　工程能力調査の手順

168

- 商品のライフサイクルは短縮化の傾向にある

- 省資源・省エネルギーが要求されている

- 工程の自動化，省人化，汎用化をはからなければならない

- 不良率が減らない

などの問題が生じている．

ここにおいて，クレームや不良のないパーフェクトな製品を育成し，市場へ造出していくことが重要な課題である．

パーフェクト良品とは，クレームや不良が完全ゼロということであり，実現困難なことである．ここでは，「クレーム・不良がゼロの極限に近い製品」と

表 13.1 工程能力指数(C_p, C_{pk})の計算

〔例〕　平 均 値 $\bar{x} = 50$　　標準偏差 $s = 0.48$

　　　　上限規格 $S_U = 52$　　下限規格 $S_L = 49$

区　　分		分布と規格の関係	計　　算　　式	計　　算　　例
両側規格の場合	カタヨリを考えなくてよい場合	S_L ～ S_U 分布図 $\bar{x}$, s	$C_p = \dfrac{S_U - S_L}{6s}$	$C_p = \dfrac{52-49}{6 \times 0.48} = \dfrac{3}{2.88} = 1.04$
	カタヨリを考える場合	S_L ～ K ～ S_U 分布図 $\bar{x}$, s 規格の中心	$K = \dfrac{|(S_U + S_L)/2 - \bar{x}|}{(S_U - S_L)/2}$ $C_{pk} = (1-K)\dfrac{S_U - S_L}{6s}$ $K \geqq 1$ のときは，$C_{pk} = 0$ とする	$K = \dfrac{|(52+49)/2 - 50|}{(52-49)/2} = 0.33$ $C_{pk} = (1-0.33)\dfrac{52-49}{6 \times 0.48} = 0.70$
片側規格の場合	上限規格 (S_U) の場合	S_U 分布図 $\bar{x}$, s	$C_p = \dfrac{S_U - \bar{x}}{3s}$ $\bar{x} \geqq S_U$ のときは，$C_p = 0$ とする	$C_p = \dfrac{52-50}{3 \times 0.48} = 1.39$
	下限規格 (S_L) の場合	S_L 分布図 $\bar{x}$, s	$C_p = \dfrac{\bar{x} - S_L}{3s}$ $\bar{x} \leqq S_L$ のときは，$C_p = 0$ とする	$C_p = \dfrac{50-49}{3 \times 0.48} = 0.69$

〔注〕　ただし，C_p：工程能力指数，C_{pk}：カタヨリを評価した工程能力指数，
　　　　K：カタヨリ度，| |：絶対値（マイナスの場合も正数とする）を示す．

13. バラツキ管理

表 13.2 工程能力の有無の判断基準

C_p（またはC_{pk}）の値	分布と規格の関係	工程能力有無の判断	処置
$C_p \geq 1.67$	S_L S_U $\bar{x}$	工程能力は十分すぎる	製品のバラツキが若干大きくなっても心配ない．管理の簡素化やコスト低減の方法などを考える．
$1.67 > C_p \geq 1.33$	S_L S_U $\bar{x}$	工程能力は十分である	理想的な状態なので維持する．
$1.33 > C_p \geq 1.00$	S_L S_U $\bar{x}$	工程能力は十分とはいえないがまずまずである	工程管理をしっかり行ない，管理状態に保つ．C_pが1に近づくと不良品発生のおそれがあるので，必要に応じて処置をとる．
$1.00 > C_p \geq 0.67$	S_L S_U $\bar{x}$	工程能力は不足している	不良品が発生している．全数選別，工程の管理・改善を必要とする．
$0.67 > C_p$	S_L S_U $\bar{x}$	工程能力は非常に不足している	とても品質を満足する状態ではない．品質の改善，原因の追求を行ない，緊急な対策を必要とする．また，規格を再検討する．

いう意味に解釈しておく．

その意味では，「ppm 管理」とよんだほうが妥当かもしれない．

"ppm" とは，parts per million の略で，100 万分の1をあらわす単位である．大気中にふくまれる硫黄酸化物(SO_x)の量など微量な濃度の測定に使われる単位であるが，電子部品や自動車部品業界では不良率の極限として，ユーザーに納入した製品 100 万個中に不良品が1個程度(0.0001％)に押さえることをねらいに，管理活動を強化し，ppm 管理にとり組んでいる．

ある製品がパーフェクト良品か否かを知るためには，前述の工程能力調査を行なえばよい．そして，図 13.2 に示すように

① 規格外れがない

② 工程が安定状態にある

の2つの条件を満足させることである．

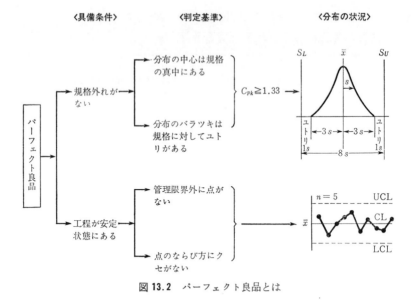

図13.2 パーフェクト良品とは

　パーフェクト良品を達成するためには，製品の品質特性のバラツキに着目し，バラツキを押さえ，顧客がどの製品を買っても同じ性能が発揮できるようにすることが肝要である．

　次に，パーフェクト良品活動のポイントについてのべておこう．

♣ パーフェクト良品活動の10ポイント ♣

［ポイント 1］　不良，クレームについて**極限目標**(パーフェクト・レベル)を掲げて，上位者がヤル気になって進める．

［ポイント 2］　製品に要求される**品質特性**と，それをつくりこむための工程での管理特性との関係をつかみ，これらの特性の工程能力を向上させる．

［ポイント 3］　決められた**新製品開発のステップ**どおりに仕事を進め，飛び越しや省略をなくす．

13. バラツキ管理

[ポイント 4] FMEA, FTAなどを活用し, **トラブル予測**を行ない, 発見された品質問題は事前に確実に解決する.

[ポイント 5] 技術標準・作業標準を改善・整備し, 標準を遵守させ, **標準作業を徹底する.**

[ポイント 6] 異常発生を未然防止する**バカヨケ**を工夫する.

[ポイント 7] 初物, 中間, 終り物の**品質チェック**を徹底する.

[ポイント 8] 不良発生のメカニズムを究明し, 機械能力指数の高い**設備**を開発し, 設備トラブルを極限に押さえる.

[ポイント 9] 設備, 治工具の日常点検, **保全管理**を徹底する.

[ポイント10] 慢性不良は徹底した解析を行ない, **管理図**による要因管理ができるレベルにもっていく.

13.4 QP表を活用した工程能力改善活動事例

(1) はじめに

東海理化電機製作所は, 自動車用部品の電装品を主体に, 各種スイッチ, シートベルト, キーシリンダ, ステアリングロックなどを生産しており, 音羽製作所ではキーシリンダ, ステアリングロックなどの生産を行なっている.

ステアリングロックは保安部品であり, 機構も複雑であるため, 設計品質に合致した製造品質を確保するには, 従来の方法による管理項目・管理方法の設定では適切でないという問題が生じてきた.

そこで予想される故障の現象を想定し, FTA手法を応用したQP表(quality process, 品質特性工程表)の展開をはかることにより, 重要品質特性の選定と工程能力を確保する活動を進めてきた.

ここでは, この活動事例(東海理化電機製作所 音羽製作所 技術員室品質課 福岡鉞夫氏による)[2-d]について紹介する.

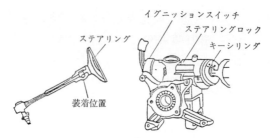

図 13.3 製品の概要

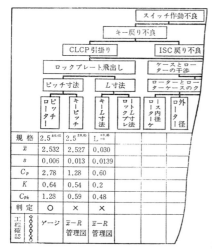

図 13.4 Q P 表

(2) 製品の概要

図 13.3 に，製品の概要を示す．

ステアリングロックは，キーシリンダと組みあわせて使用され，盗難防止のためのステアリングを施錠する機能と，スターターモーターの電気回路を開閉するスイッチ機能とを有している．

(3) QP 表活用のねらい

当社における QP 表は，図 13.4 に示すように想定される故障の現象を系統的に分解し，部品特性への展開と工程での管理方法を一体化させたものである．

この QP 表を活用することにより，次の項目にねらいをおいた(図13.5参照)．

① 製造工程の管理方法の見直し．

② 重要品質特性の工程能力有無の明確化．

(4) QP 表の成果

QP 表を活用することにより，次にのべる成果をあげることができた．

① 工程能力の不足している特性が明確になり，改善活動に結びつけるこ

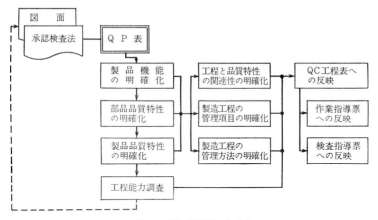

図 13.5　QP 表展開のしくみ

表 13.3　管理特性の明確化

	改善前	改善後
部　　　品	89	18
サブアッシー品	48	6
完　成　品	4	4
計	141	28

とができた．

② 管理特性が明確になるとともに，管理特性を従来の141特性から28特性に減少させることができた(表13.3参照)．

これらの成果の具体例について，次に説明する．

(5) **設計公差の改善**

ステアリングロックの故障現象の1つであるロック作動不良について展開したQP表の一部を，図13.6に示す．

図13.6により，図面に指定されていない二操作レバーとボデーのクリアランスが，重要な品質特性であることが判明した(図13.7参照)．

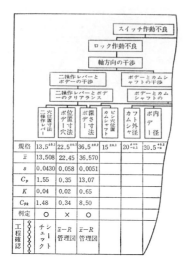

図 13.6　ロック作動不良部品のQP表

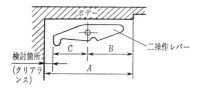

図 13.7　二操作レバーとボデーのクリアランス

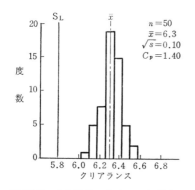

図 13.8　クリアランスのヒストグラム

1) クリアランスの工程能力調査

図13.7に示す A(ボデー深さ), B(ボデー穴1), C(二操作レバー穴1)の各寸法から, 分散の加法性によって求めたクリアランスの工程能力を調査した.

この結果, 図13.8に示すように $C_p=1.40$ となっている.

しかし, クリアランスに関連する部品の工程能力は, 図13.6に示すように A, C 寸法は十分な余裕があり, B 寸法は不足している状態であったため, 現状の設備, 製造条件などを調査した. その結果

① B 寸法は鋳造後ボール盤で後加工を行なっているが, 加工精度を向上させることは経済的に得策でない

② A 寸法はダイカスト鋳造で決まる寸法であり, 現状の加工精度を十分維持できる

という2点から, 現状の各構成部品のバラツキを考慮した部品寸法の公差を, 再設定することが妥当であると判断した.

2) 適性な公差の設定

現状でクリアランスは十分確保されているため, A, B 寸法の公差を分散の加法性により再設定した.

表 13.4　寸法公差の変更

特性値	変更前	変更後
ボデー深さ寸法	36.5±0.2	36.5±0.1
ボデー穴位置寸法	22.5±0.1	22.5$^{+0.1}_{-0.4}$
二操作レバー穴位置寸法	13.5±0.2	←

表 13.5　公差変更前後の工程能力

特性値	変更前	変更後
ボデー深さ寸法	8.50	1.96
ボデー穴位置寸法	0.35	1.50
二操作レバー穴位置寸法	1.48	←

その結果を表 13.4 に示す．

また，再設定した公差によって A，B 寸法の工程能力を確認した結果，表 13.5 に示すように各寸法の適正な工程能力を確保することができた．

そこで，これらの検討結果を技術部へフィードバックして設計変更を行なうとともに，製造工程の作業標準の見直しを行なった．

(6) キー切削加工工程の工程能力の向上

図 13.4 に示した QP 表から，キー L 寸法は重要な品質特性であることが判明したが，図 13.9 に示すように工程能力が不足しているため，この改善にとり組んだ．

1) 工程の概要

キー加工工程とキー形状の概要は図 13.10 に示すように，板材をプレス加工したあと溝切削，L 寸法切削，メッキ工程を経て組付工程へ送られる．

2) 解析の進め方

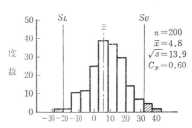

図 13.9　キー L 寸法のヒストグラム

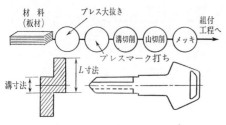

図 13.10 キー加工工程の概要

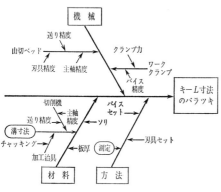

図 13.11 キー L 寸法の特性要因図

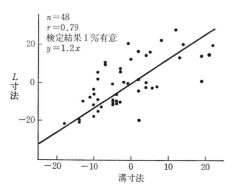

図 13.12 キー L 寸法と溝寸法の散布図

キー L 寸法のバラツキの要因を図 13.11 の特性要因図により摘出し，次にのべる要因について順次解析を進めた．

① 溝寸法のバラツキ．

② L 寸法の測定誤差．

3) 溝切削工程の解析

溝寸法と L 寸法の相関関係を調査した結果，図 13.12 に示すような関係が認められたので，次の解析を実施した．

① 溝寸法切削機の取付治具精度の解析——溝切削機には 28 個のキー取付治具があるため，これを層別して各取付治具の精度を $\bar{x}$-R 管理図で解析した結果を図 13.13 に示す．図 13.13 から，取付治具のちがいによって平均値が異なることがわかる．これにより，各取付治具のできあがり寸法にちがいがあり，溝寸法の切削に影響していることが判明した．

この結果から，取付治具寸法を修正するとともに取付治具図面の改訂

13. バラツキ管理　　　　　　　　　　　177

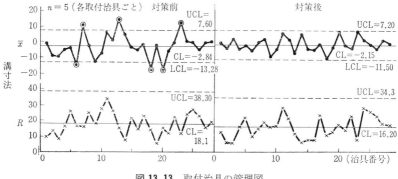

図 13.13　取付治具の管理図

を行なった.

② 溝寸法切削——溝寸法切削機の1つの取付治具をもちいて，機械能力をx-R_s管理図で調査した結果を，図13.14に示す．図13.14により，機械能力が不足していることが判明した．

そこで溝寸法切削機の精密検査を行なった結果，従来点検項目に定められていなかったカッターの軸受部に摩耗が認められた．

この問題点に関しては，軸受部の点検項目の追加と溝寸法を管理特性に指定し，管理図によって溝寸法の切削工程を管理することにした．

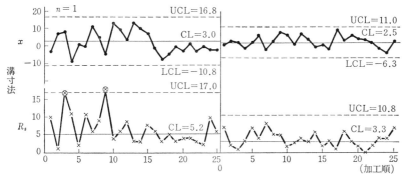

図 13.14　溝寸法機械能力調査

4) L寸法測定誤差の解析

キーシリンダの作動にもっとも大きな影響をおよぼすL寸法は高精度が要求され，また測定個所の形状が複雑なため測定のむずかしさに注目し，測定誤差を$\bar{x}$-R管理図で解析した．図13.15に示す結果から，L寸法の精度に対して測定精度が不足しているため，この改善について検討を行なった．しかし，現状のダイヤルゲージと治具による測定方法では測定部位が一定に定まらず，L寸法の精度には対応が困難であることから，新たな測定器の開発を進め，電気的な自動測定器を導入して測定精度の向上をはかった．

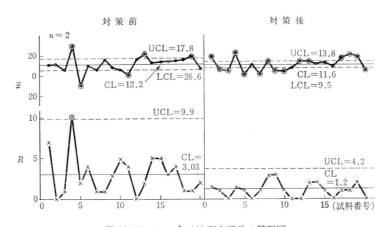

図 **13.15** キーL寸法測定誤差の管理図

5) 対策と結果のまとめ

以上にのべてきた解析と対策を進めてきた結果，図13.16に示すようにL寸法のバラツキを減少させることができた．

また，次にのべるような成果がえられた．

① L寸法の加工工程は安定し，工程能力を向上させることができた(図13.17参照)．

② L寸法と要因の関係を明確にさせることができた．

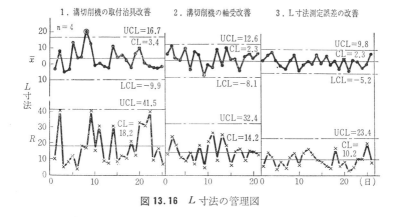

図 13.16 L 寸法の管理図

6) 標　準　化

① 溝切削機械仕様の変更.

② 溝切削機械点検要領の改訂.

③ L 寸法自動測定要領の制定.

(7) おわりに

QP 表を活用することにより，製造工程における管理点・管理項目を明確にす

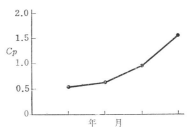

図 13.17 キー L 寸法工程能力の推移

ることができた．また，従来工程能力の確保をするためには，工程の改善に重点をおいているが，今回の事例のような公差の見直しをすることにより，適正な工程能力をうることに成果をあげることができた．このように，QP 表を活用して工程管理を進めることの重要性があらためて認識できた．

今後，QP 表の活用を他の製品にも応用し，工程管理活動を進めていきたいと考えている．

14. 再発防止，未然防止

——同じ過ちをくりかえすな！　トラブルの再発防止，未然防
止を怠らないこと．

14.1 Ｑ Ｃ 的 反 省

"QC(品質管理)のねらい"は，

「顧客の要求を的確に把握したうえで，消費者指向に徹し，ねらいとでき
ばえの良い製品やサービスを生産，販売，サービスする活動を効率的に行
なう.」

ことにある．

そのためには，

(1) ねらいとできばえの良い製品を供給するために，製品企画から販売，サー
ビスにいたる一貫した品質保証システムを充実させること

(2) 経営成果を向上しつづけることのできる体質改善をはかるために，仕事
のやり方，進め方について反省し，しくみを充実させること

(3) 管理・改善活動を効果的に行なうために，固有技術にあわせて QC 手法
を積極的に活用すること

が必要である．

182

「品質保証のレベル」は，たとえば表14.1により判定することができる．

表 14.1　品質保証レベルの評価

水準	評価基準	評 価 の 詳 細		備　　　　考
		しくみの状態	不良，ミスの状態	
水準1	品質保証のしくみがない．	品質保証システムおよびその運営の仕方は明文化されていないし，その運営も個々バラバラである．	不良，ミスが多発している．	
水準2	品質保証システムは一応できている．	品質保証システムおよびその運営の仕方は一応できているが，形式的で実行にとぼしい．	不良，ミスは横ばいである．	
水準3	品質保証システムが実行されている．	品質保証システムおよびその運営の仕方が5W1H的に明文化され，そのとおりに実行され，トラブル解析も行なわれている．	不良，ミスは減少している．	●品質保証体系図 ●クレーム処理体系図 ●QC工程表 などが作成されていること． 5W1Hとは 　●what(何を)…目的，目標 　●when(いつ)…時期 　●where(どこで)…工程，場所，会議名 　●who(誰が)…担当者，部所 　●why(なぜ)…理由，根拠 　●how(どのようにして)…方法，実施方法 をいう．
水準4	同一原因によるトラブルがない．	体系化された品質保証システムを円滑に運用し，トラブル解析が進み，同一原因によるトラブルが再発しないしくみを確立している．	不良，ミスが激減している．	●トラブル解析シート ●標準類 ●管理資料類 などの改正がはかられている．
水準5	トラブルが未然に防止できるシステムになっている．	問題点が把握され，品質保証システムの改善が行なわれるとともに，トラブル予測が実施され，源流段階で不具合がもれなく未然防止できるシステムとなっている．	ノートラブルを実現している．	●品質保証体系図 ●標準類 ●管理資料類 ●チェックリスト などの充実がはかられている． 　●FMEA 　●FTA 　●品質機能展開 　●デザインレビュー(設計審査) が行なわれている．

14. 再発防止，未然防止　　　183

表14.1からもわかるように，企業が顧客に提供する製品やサービスの品質を保証するためには，QC的反省を行ない，再発防止と未然防止を確実に実行することが大切である．

"QC 的反省" とは，

> 「QC的なものの見方，考え方にたって，QC手法を活用して，再発防止や未然防止の対策を確実にとる活動をいう.」

すなわち，QC的に

(1) トラブルを検出し，同じトラブルが再発しないようにトラブルの根本原因を追求して，その根本原因に対する再発防止対策を確実にとる．

(2) 企画・設計・量産試作の各段階でトラブル予測を確実に行ない，後工程で起こりうるトラブルを未然に防止する．

QC的反省は，トラブルを活用して「仕事の質」を高めることに，そのねらいがある．

QC 的反省を必要とする理由は，次のとおりである．

(1) トラブルが応急処置のみに終っており，同じトラブルが再発している．

(2) トラブルが本来発見されるべき段階では見のがされ，後工程で検出されている．

(3) 不良やミスが慢性化し，一向に減少していない．

(4) 再発防止対策もトラブルの発生した製品や工程だけに終っており，工程や類似製品にその成果を適用していない．

(5) トラブルの根本原因を摘出し，仕事のやり方の改善にまで結びつけていない．

14.2　再発防止とは

工程を安定状態に維持して，「ネライの品質」に合致した品質の製品やサー

ビスをつくり出すことは，現場のもっとも基本となる使命である．この使命の達成のためには，工程管理の方式を設定し，これにしたがい，そこに決められていることがらを確実に実行することが大切である．

そこには，ユーザーが安心し，満足して使えるような品質の製品やサービスをつくり出すために，もっとも好ましい仕事のやり方が，いろいろな角度からの検討を経て決められているはずである．製品やサービスの品質が確保できるだけではなく，より安全に，無理なく，しかも高能率の作業ができ，さらに原材料などの利用効率も良く，予定した生産量もあげられるはずである．

このように，工程を安定状態に維持することは，あらゆる面からみて健全な生産活動の基本であることを，決して忘れてはならない．

しかし，工程を安定状態に維持しようと努力していても，トラブルは起こるのである．それは，

- 作業者の不注意
- 原材料や工程中への不純物やほこりなどの混入
- 設備の不調
- 作業手順の間違い

などによる．

"トラブル" とは，

> 「実際に弊害が発生した事項，および今後弊害が発生すると思われる事項.」

のことをいう．

トラブルは，応急対策だけでは不十分で，再発防止対策をとることによって，初めて本当の意味での対策をとったことになるのである．

設計，製造，販売，サービスなどの分野において，多くの現場でとられている対策は，応急対策どまりのものが多く，再発防止対策まで実施されているところはきわめて少ない．

14. 再発防止,未然防止

たとえば,次のような例は数多くあげることができる.

(1) ホテルの宿泊客からタオルが部屋に入っていないというクレームがあったので,ただちに持参した……清掃時に忘れずに備えつけるための対策が打たれていない.

(2) 商品が売れなくなり在庫金額が増えてしまったので,4割引きで売りさばいた.やれやれである……売れなくなった要因,在庫金額が増えた要因について解析し,対策を打たなければ,また同じようなことをくりかえすおそれが多い.

(3) 商品の外観にキズがあるというクレームが発生したので,早速お客さんのところへいき,新品ととりかえてきた……キズの発生原因,およびどうしてそのような商品がお客さんのところへいってしまったのかを調べ,手を打つ必要がある.

トラブルが発生した場合に現象を除去しても,それは一時しのぎでしかなく,また再発の危険性がある.

現象についてその原因を解析して,原因に対してアクションをとる必要がある.すなわち,再発防止対策が必要となるのである.

"再発防止対策"とは,
「二度と同じトラブルが発生しないようにトラブルの原因を解析して,この原因に対して実施される改善対策

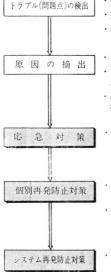

図 14.1 再発防止のしくみ

・後工程に迷惑をかけたもの
・実損が発生したもの
・次回に弊害が発生しそうであるもの

・なぜ発生したのか
・なぜ事前に,源流工程で発見されなかったのか
・原因を1次,2次,3次と掘り下げ,根本原因を追求する

・トラブル発生製品,工程,業務に対する早急な改善策

・トラブル発生製品,工程,業務に対する恒久的な改善策
・トラブルを本来検出すべき段階,工程に対する検出方法の充実策

・トラブル発生にいたった仕事のやり方,しくみに対する改善策

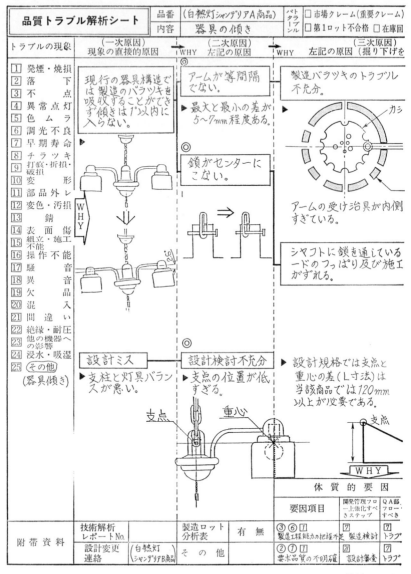

図 **14.2** 品質トラブル

14. 再発防止，未然防止

□市場クレーム(一般) ☑試組	△ 59 年 3 月 17 日	依頼日　　年　月　日	検印	検印	担当
収 □部品異常(工程クレーム)	△　　年　　月　　日 △　　年　　月　　日	確認日　　年　月　日			

しっかりと) →		対　　　　　　策		実施日	担当

予測が

メ治具

一受け治具に寄り

だけでコ時に支点

応急処置対策 （5W1H を明確に）

アームの受け治具を先端に修正する。 4/6 植木

個別・再発防止対策 左図の構造に変更しバランス調整金具を追加する。4月ロットより実施する。 4/8 築山

システム
- A しくみ（事業部門共通レベル・事業部(綜合部)レベル・事業場部(工場)レベル・課 or グループレベル）
- B 技術的標準（商品規格・設計規格・試験計測規格・設計のチェックリスト・検査規格・その他）技術 改善
- C 管理標準（事業部規程・事業部(綜合部)内規・事業場部(工場)内規・課 or グループ内規）記録
- D 組織（事業場部レベルのシフト・課 or グループレベルのシフト・担当者レベルのシフト）
- E 訓練（事業部門全体レベル・事業部内全体レベル・事業場部(工場)全体レベル・課 or グループ全体レベル）

再発防止対策
▷上記の内容◀ （5W1H を明確に） 実施日 担当
○ 設計審査チェックシートに「器具の傾き」L寸法の確認項目を追記する。 6/11 築山
○ チェックリストの内容「重心と支点との差は設計標準と照合したか」を追加する。 7/13 川添
○ 技術改善記録を作成する。 4/6 築山

重心

(問題)	商品開発	チェックリスト	リスト要否	要 否	チェック項目 器具の傾きは問題ないか	チェック段階 商品設計
業務上強化ステップ	その他(政策の問題)		大分類		小分類	
ルリスト	開発改訂	承認	検印	検印 高草	担当 築山	依頼 検印	検印 高草	担当 築山
ルリスト	開発改訂					

解析シート

のことをいう.」

このためには，次の3つの対策が行なわれる必要がある(図14.1参照).

❦ 再発防止のための対策 ❦

[第1の対策]　応急処置対策.

発生したトラブルに対する間にあわせ的な手当てのこと.

　〔例〕　カシメ方法の変更，調整方法の変更，選別検査の実施など.

[第2の対策]　個別再発防止対策(恒久対策).

トラブルが発生した製品，工程，業務に対する恒久的な対策のこと.

　〔例〕　金型修正，肉厚の変更，材質の変更など.

[第3の対策]　システム再発防止対策.

同一原因によるトラブルを再発させないために，仕事のやり方，しくみなどのシステム面(手順，技術標準，管理標準，組織，手続き)などに対する対策のこと.

　〔例〕　品質保証体系図の改正，重要管理項目(引張り強度，硬度など)の追加，技術標準(カシメ方法，試験項目など)の制改訂など.

大阪市に隣接する衛星都市東大阪市に，朝日ナショナル照明がある.

あかりで暮らしの楽しさを広げることをモットーに，松下電工と共同で住宅用照明器具の開発・製造を担当している.

当社では，工程内や市場で発見された重要クレームについて，その原因究明と対策をシステム的に行なうため，図14.2のような「品質トラブル解析シート」をもちいて，組織的に活動している.

この品質トラブル解析シートでは，トラブルの現象を1次原因から3次原因にまで掘り下げ，この原因に対して応急処置対策，個別再発防止対策，システム再発防止対策まで実施するようにしている.

14. 再発防止，未然防止　　　　189

これらの結果，慢性不良や品質トラブルは激減し各種の社内標準類の整備・拡充をはかることができ，有形・無形の効果をえている．

14.3　未然防止とは

技術革新の速度が速くなればなるほど，企業もそれに応じて新製品を造出したり，モデルチェンジを頻繁に行なって，従来製品から新製品への交替率を高くしなければ，市場占有率や利益確保力を失うことになる．

同時に新製品交替率が高くなるにつれて，新製品によって利益をうる期間は短くなってきている．また，新機械設備の開発によって部品精度の向上，省力化，原価低減や生産速度の増大のメリットがある反面，品質トラブルは増大する可能性がある．

新製品を市場へ送り出したが，

(1)　初期トラブルが多発したため，顧客の信用を失ってしまった

(2)　発売時期に間にあわず，タイミングを失してしまった

(3)　目標原価を達成できなかったため，利益がマイナスになった

などという事態を招いてはならない．市場化決定後の製品の不評，タイミングの誤り，価格とコストの過誤による失敗は，企業に重大な損失を与えることになる．

新製品の開発にあたっては，研究試作段階で十分な研究や試験，実験テストを行なって，生産および販売活動についてのいろいろな資料，計画，規格，標準，管理資料を整備検討して量産移行後にトラブルが生じない対策を講じる必要がある．それは，研究試作段階におけるくりかえしや修正費用と時間にくらべて，はるかにトラブル費用のほうが大きいからである．

TQC の基本は，予防の理念にある．この理念は，あらゆる管理に必要なものである．トラブルを発生させてから対策を考えるよりも，はじめから不良品

の発生を予防することのほうが経済的にすぐれていることはいうまでもないことである．この予防の理念は，人間の健康や安全，機械や装置の維持，消費者の要求する品質の調査，科学技術の発達の動向の研究などにも必要なものである．

TQC では，未然防止が大切である．

"未然防止" とは，

「トラブルが出てからアクションをとるのではなく，トラブルが出る前にトラブルを予測して，その原因を除去すること．」

をいう．

このためには，自分の仕事における源流，すなわち仕事のしくみの源流(上流)にさかのぼって1次，2次，3次と体系的に要因を掘り下げ，トラブル発生の根本原因を追求することが大切である．

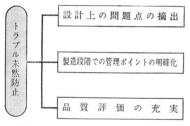

図14.3 トラブル未然防止の方法

トラブルを未然防止するためには，次のことが必要である(図14.3参照)．

☘ トラブル未然防止のポイント ☘

(1) 設計上の問題点をしっかり摘出する

製品企画の段階では，ユーザーの要求品質について品質展開を行ない，ねらいの品質を確実に設定する．そして，ねらいの品質を達成する段階，すなわち製品設計の段階では，どんなトラブルが発生する可能性があるかを想定し，予防策を講じることである．

これらのためには，次の方法が有効である．

1) **品質展開**——品質について機能展開を行なって，各品質要素間や要求品質と品質特性との関連を表をもちいてあらわしたもので，品質表，品

要求性能 1次	2次	3次	ウエート	硬化前の性能 原材料 低温安定性	硬化前の性能 原材料 貯蔵安定性	硬化前の性能 造膜特性	施工性 作業性 感温性	施工性 作業性 可使時間	施工性 作業性 チクソトロピー	施工性 乾燥時間	硬化後の物性 塗　下地 美装性	塗　下地 柔軟 引張強さ	塗　下地 柔軟 伸び率	塗　下地 理 下地表面強化	塗　下地 化学 耐水性	塗　下地 化学 耐アルカリ性	外力 耐亀裂 下地亀裂追従性	外力 耐亀裂 伸び時の劣化	外力 物理 表面強度	外力 物理 耐衝撃性	外力 化学 耐水性	外力 化学 耐アルカリ性	外力 耐久性 耐候性	外力 耐久性 耐凍結酸解性	外力 耐久性 耐水性	外力 耐久性 耐汚染性	外力 耐久性 耐疲労性	外力 耐久性 耐摩耗性	外力 耐久性 感温性	外力 防火 燃焼性	外力 防火 延焼性
壁面を仕上げる	意匠性が良い	色彩・テクスチャーが多様である	A								◎		○																		
		厚付けができる	B						◎																						
	作業性が良い	吹付け・ローラー適性が良い	B		△	○	◎	△	○	△																					
		材料の取扱いが容易である	B	△	△	○	◎	○	○	○																					
		ひび割れを生じない	A	△	△	◎	◎	○	◎	○																					
	しない	下地挙動(亀裂)に追従する	A		△		○		△			◎			○	○		○							○						
	類焼しない	塗膜が燃焼・延焼しない	A									△					△	◎	○				○	○			○		○		○
壁面仕上げを長期間維持する	外力で破損しない	普通の外力で傷つかない	A	△		△				○	◎		△		△	△									△						
		物が当たっても破損しない	B				○								△	△									△						
	環境因子で塗膜が劣化しない	湿冷くり返して劣化しない	A	○	△		○					○				○	◎	○					○	◎					◎		
		紫外線・オゾンで劣化しない	A	△	○													○					◎	△			○		△		
		熱で劣化しない	A		○													◎					◎				○				
	環境因子で表面性状が変わらない	黄変・変退色しない	B																				◎	△		△			△		
		光沢減少・チョーキングしない	C																				◎	△		△	△	○	△		
	維持管理が容易である	汚れが付き難く，落ちやすい	A							○																◎		△			
		補修しやすい	B				△	△		○																					
		ウエートAに対する総合点		8	8	6	7	2	5	8	13	13	5	7	6	4	10	16	6	—	1	1	15	10	6	3	12	4	9	3	3
		性能ランク		2	2	2	2	1	1	2	3	2	2	2	2	1	3	3	2	—	1	1	3	2	2	1	3	1	2	1	1
		重点検討項目		●		●					●	●					●	●					●	●	●	●	●	●	●	●	
	評価対象吹付け仕上げ材	I		○		○						○					×	×					△	△	△	×	△	△	○		
		II		○		○						△					△	×					○	○	△	○	×	○	○		
		III		○		○						△					○	○					△	○	○	△	○	○	○		

ウエート
A：重大な欠陥・障害となる
B：多少の欠陥・障害となる
C：軽微な欠陥にとどまる
対応度
◎：重要である (3)
○：検討を要する (2)
△：関連がある (1)

図 14.4　外装吹付仕上材の要求品質展開表[2-e)]

FMEA システム名（アセンブリ名） KB-218 リモコン　　作成 59年11月1日　承認／担当

No.	機能ブロック	故障モード	推定原因	故障の影響	発生頻度	影響の重大さ	検知の難易	危険の度（先度）	対策	備考
1.1	リモコン	動作しない	○動作感度がバラツキ、接触子抵抗値では動作しにくなる。	リモコン操作ができない。	小	中	難	小	○接触子接抗値の動作範囲を広くとる。±25%$\left(V_m=+10\%、=-15\%\right)$	
			○接触子と内部感度の切り換が一致していない。	〃	中	小	易	小	○表示板をつける。	
			○CTのハイ信号伝送特性が悪く、CT出力が接出電圧が発生しない。	〃	小	中	難	中	○高マイクロのコアを用いる。	
			○CTが直流分で飽和する（60Hzの場合生じやすい。）	〃	小	中	難	中	○CTの飽和特性を検討する。接触子の抵抗値は広範囲でテストする。	
			○誘導により検出用アンプが飽和する。	誤動作する	中	中	難	中	○CTと変圧器・リアクトルを離す。誘導の影響を十分チェックする。	
			○波形がひずみ波等で交流分に正負ピーク値の差がなくなる。	動作時間が遅れる	中	中	難	中	○ひずみ波形の入力時の動作チェックを十分に行なう。	

図14.5　リモコンのFMEA

質展開表,品質関連表,要求品質展開表などといわれている(図14.4参照).

2) **FMEA**(failure mode and effects analysis, 故障モード影響解析)——設計の不完全や潜在的な欠点を見出すために,構成要素の故障モードとその上位アイテムへの影響を解析する技法(図14.5参照). とくに影響の致命度の格付けを重視する場合は **FMECA**(failure modes, effects and criticality analyses)を行なう.

3) **FTA**(fault tree analysis, 故障の木解析)——信頼性または安全性上,その発生が好ましくない事象について,論理記号をもちいて,その発生の経過をさかのぼって線形図に展開し,発生経路および発生原因,発生確率を解析する技法.

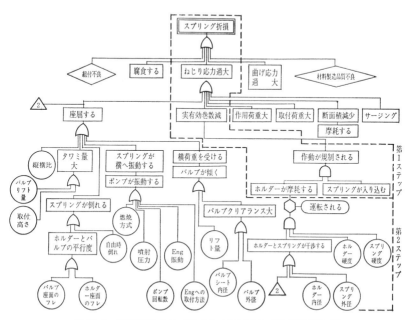

図 **14.6** 燃料噴射ポンプ用バルブスプリングのFT図[2-f)]

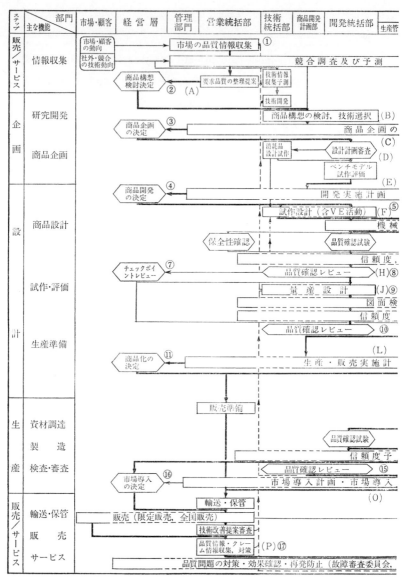

図 14.7 品質保証体系図

14. 再発防止，未然防止

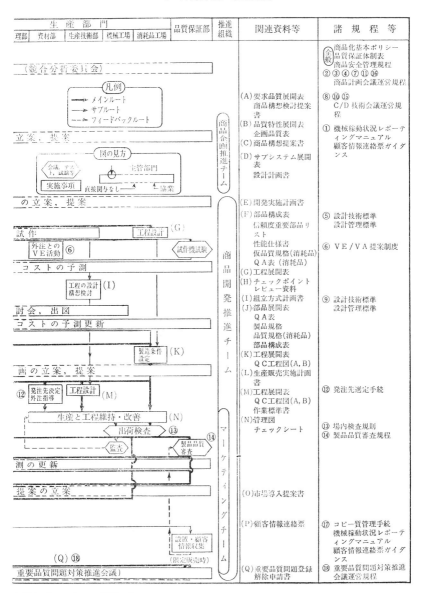

(富士ゼロックスの例) 1-d)

4) **FT**(fault tree, 故障の木)──システムの欠陥事象と下位事象との関連を, 事象記号, 論理記号をもちいて示した図のこと(図14.6参照).

5) **デザインレビュー**(design review, 設計審査)──アイテムの設計段階で性能, 機能, 信頼性などを価格, 納期などを考慮しながら設計について審査し, 改善をはかること. 審査には, 設計・製造・検査・運用など各分野の専門家が参加する.

⑵ 製造段階での管理ポイントを明確にする

製造段階では, 設計品質を受けてねらったとおりの品質をつくり出さなければならない.

設計品質を達成するためには,

① どういう特性を管理すべきか?

② どういう部品や材料を管理すべきか?

③ そのために何をチェックすべきか?

など, 工程での管理ポイントを明確化しておくことが必要である.

このためには, 前述の品質展開や工程 FMEA(工程の設計に FMEA を適用したもの)のほか, 次のものが役立つ.

1) **品質保証体系図**──品質保証のしくみについて, 企画～設計～製造～アフターサービスまでをいくつかのステップに分け, 各ステップでの品質保証上実施する事項(機能), 担当部署, 管理資料(アウトプット), 標準類を明確にし, 体系としてまとめ, 図にしたもの(図14.7参照).

2) **QC 工程表**──1つの製品について部品材料の供給から完成品として出荷されるまでの工程を図示し, この工程の流れにそって誰が, いつ, どこで, 何を, どのように管理したらよいかを定めたもの, つまり各工程での管理項目と管理方法を明らかにしたものである(図14.8参照).

⑶ 品質の評価を確実に行なう

顧客に品質保証をするためには, 品質評価を確実に行なわなければならない

QC工程表

A-4 コンクリート工事

名古屋 支店　熊　上　作業所　（工事名）　熊上ビル建築工事

適用範囲
- 普通コンクリート，軽量コンクリート1種及び2種
- コンクリートの級…………温用 JIS採準品
- 施工の級に見合………乙種 適応施工工法
- 裏中・裏中コンは除く

基本方針
- 設計基準強度を確保する
- 豆板・コールドジョイントのないコンクリート
- ひび割れの少ないコンクリート

作成年月日　作成 59.10.1　修正 59.10.20　修正

捺印欄

単位工程	管理項目	管理水準	管理（時期）	管理（頻度）	管理（方法）	管理（担当）	処置（方法）	処置（担当）	管理資料記録	管理責任者	標準類	備考
打継ぎ面処理	打継ぎ面の状態	レイタンス，ごみ等がない	打込み前	全面	目視	担当者	再清掃する	担当者		復任者		
水じめし	打継ぎ面及び型板の濡れ具合	十分に濡れている	打込み前	全面	目視	担当者	散水する	担当者		責任者		
ポンプ配管	振事前点検対策	十分である	配管終了時	配管ごと	目視	担当者	改善する	担当者		責任者		
（荷卸し地点の品質検査）	生コンの識別	色・ツヤ・軟らかさ等に異常がない	荷卸し時	生コン車ごと	目視	担当者		担当者		責任者		
	指定スランプ	許容範囲内にある 指定12cm以上±1.5cm 指定18cm以上±2.5cm	荷卸し時	午前午後の開始時・約130m³ごと	コンクリートのスランプ試験方法(JIS A 1101)	担当者	直ちに工場へ連絡し原因を究明し・実際加える応急処置する	担当者	検査成績表	主任	JIS A 5308 JASS 5	
	空気量	許容範囲内にある（普通コンクリート）3~5% （軽量コンクリート）4~6%	荷卸し時	午前午後の開始時・約150m³ごと	まだ固まらないコンクリートの空気量の圧力による試験方法(JIS A 1128)	担当者	改善する	担当者	検査成績表	主任	JIS A 5308 JASS 5	
	（軽量コンクリート）単位容積重量	許容範囲内にある±3.5%	荷卸し時	午前午後の開始時・約150m³ごと	まだ固まらないコンクリートの単位容積質量及び空気量試験方法(JIS A 1116)	担当者		担当者	検査成績表	主任	JASS 5	
	ポンプ車1台当りの打設量	30m³/h以下	打込み中			出荷ピッチを調整する	担当者		打設量記録表	主任		

図14.8　コンクリート工事のQC工程表

198

が，次の2つに区別して充実するとよい.

1) 設計段階での品質評価の充実

設計の段階でねらっている品質が達成できるかどうかを過去のトラブル情報，いままでの技術と経験と勘を駆使して，設計，製造，販売などの各面から，目標に対する不具合点，潜在的問題点を摘出して改善していく.

2) 量試段階での品質評価の充実

品質，コストについて目標とするものがつくり出せるかどうかを確認するために，1次試作，2次試作，…，量産試作を行なうが，この段階で十分な品質評価ができていないと，あとになっていろいろなトラブルが発生する.

したがって，この段階ではねらった特性がねらった状態を満足しているかどうかを知るために，量産試作の実測データをもちいて工程能力指数(C_p，C_{pk})を求めて評価し，問題があった場合にはただちに改善していくことが大切である.

14.4 開発クレーム再発防止のツール作成事例

松下電工の施設照明事業部では，民間・公共の施設分野向けに蛍光灯，高輝度放電灯(HID)を使用した照明器具およびシステム商品の開発，生産，販売を行なっている.市場は，非居住着工面積が昭和54年をピークに減少傾向に転じ，価格競争が激烈であるが，「環境変化に対応した最適照明のソフト・ハード技術」を追求し，高品質を市場に提供して，国内トップシェアを確保している.

当事業部は，マーケット・インに徹した品質第一の他社優位商品をつくり出す体質を目指して，昭和57年から TQC を導入し，体質改善活動にとり組んでいる.

TQC 活動の重点を，開発から製造販売にいたるまでの品質保証体制の確立によるトラブルの低減におき，品質トラブルの再発防止，未然防止の充実に力

14. 再発防止，未然防止

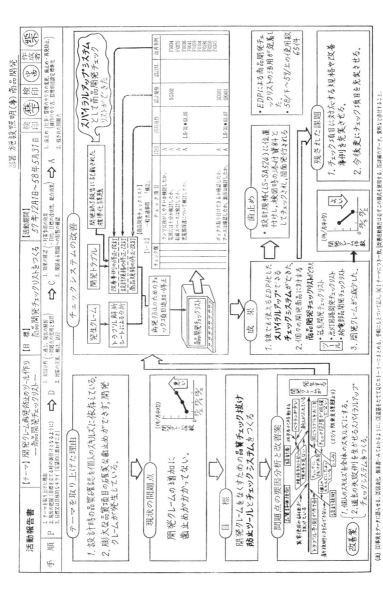

図 14.9 開発クレーム再発防止のツールづくり

を入れている.

図 14.9 の事例は，新製品開発の設計段階と生産準備段階で発生する開発トラブルをなくすため，パソコンを活用して商品開発チェックリストを作成し，技術蓄積をはかった活動である.

これによると，過去の失敗例を盛りこんだ最新のチェック項目がいつでもチェックリストとしてアウトプットできるため，個人のスキルズを会社のスキルズにすることができ，開発クレームを減少することができた.

15. 源 流 管 理

———川下でなく，しくみの源流で管理すること．

15.1 源流での管理

今日のように市場での購買力が衰え，商品がだぶつき，競争が激しくなってくると，顧客の要望する製品を次々と造出し，需要を喚起していくことが必要である．

かつては市場の大半を占拠していた会社が，新製品開発力が鈍くなり，トップメーカーから脱落していった例も多い．

たとえば，

- 軽薄短小へのとり組みが遅れたため，市場を失ったカメラメーカー
- メカトロニクス化へのとり組み不足から，高性能化・自動化に遅れたミシンメーカー
- 高機能化，低原価に遅れをとった電卓メーカー
- メニューに新鮮味を欠き，子供を引きつけられなかったファミリーレストラン

などである．

いまや不良品を出さないとか，不具合を起こさないとかいう「守りのQC」ではなく，積極的にお客さんが喜んで買ってくれるような新製品をつくって，それをお客さんに売りこむQC，つまり「攻めのQC」が必要になってきている．新製品・新技術の開発が，非常に重要な問題となってきているのである．

ここにおいて，QCの源流段階つまり製品企画，製品設計，生産準備の段階におけるQCが大切である．

一方，良品生産においても，源流での管理は欠くことができない．

不良品を発生させてから対策を考えるよりも，はじめから不良品の発生を予防するほうが優れていることはいうまでもない．検査部門をいくら充実しても，製造工程の管理が十分でないと工程の不良率は下がらない．一方，材料や作業方法をしっかり管理しても，設計上にミスがあればやはり不良品は減らない．

不良品や手直し品をつくらないためには，製造工程よりも企画段階や設計段階の品質の管理を強化することが必要である．つまり，品質保証体系の源流における管理が重要となってくるのである．

このように見てくると，新規市場の開拓，売上の拡大，品質不良の撲滅において，源流管理は重要な役割をもっており，QCにおける今日の重点は「源流管理」にあるといっても過言ではない．

"源流管理" とは，

「お客さんに喜ばれる製品やサービスの品質を明らかにして，仕事のしくみ上の源流(上流)，または担当業務における源流(目的)にさかのぼって，品質やサービスの機能や原因を掘り下げ，源流を管理していくこと．」

をいう．

したがって，

(1)　新製品開発においては，「いかなるものをつくるべきか」

(2)　新技術開発においては，「いかなる技術を生み出すべきか」

15. 源 流 管 理

(3) パーフェクト良品生産においては,「いかなるトラブル予測をすべきか」に重点がおかれる.

源流管理のポイントは,次のとおりである.

♣ 源流管理の7ポイント ♣

[ポイント 1]　新製品開発体系図,品質保証体系図を整備・充実し,源流から下流までの一貫したシステムをつくる.

[ポイント 2]　**品質展開**を実施し,使う立場にたって「真の品質」を明らかにし,設計品質,工程管理に落としこむ.

[ポイント 3]　開発の各段階での**節**をつけ,段階ごとのネライ・目標と実績とが合致しない場合は,次の段階へ移行させない.

[ポイント 4]　企画,設計,量産試作の各段階での**トラブル予測**を行ない,下流段階で起こりうるトラブルを未然に防止する.

[ポイント 5]　開発の各段階における個別の改善活動を活発化し,**しくみの改善**につなげる.

[ポイント 6]　発生したトラブルは,原因を源流段階へさかのぼって追求し,品質保証活動を充実する.

[ポイント 7]　各種の**標準**,規定,フローチャート,チェックリストなどを整備・充実する.

15.2　品質機能展開

問題解決には,次の2つのアプローチがあるといわれている.

① **解析的アプローチ**——結果から原因を究明していく方法.川下から川上へさかのぼる方法.

② **設計的アプローチ**——目的を達成するための手段を明らかにし,上流

から下流への関連を明らかにし，系統的に展開していく方法．川上から川下を見る方法．

①の方法は，従来のQCで活用されてきた解析の方法である．市場で発見されたクレームや．工程内で発見された不良品の原因を探究する場合によく使われる．すなわち，問題の現象に目を向け，このような現象の生じそうな原因をピックアップし，これが本当の原因になっているかどうかについてデータをとり，解析し，たしかめることである．

設計図面や規格が与えられて，これに適合するものを製造することが，QCの主流であったときには，解析的アプローチの適用だけでよかった．

しかし，今日のようにユーザーニーズにあった良い製品をタイミングよく供給していくためのQCが重視されてくると，解析的アプローチだけでは不十分で，設計的アプローチの適用が必要になってきた．

新製品開発の源流段階である製品企画，開発，設計段階では，お客さんの要求している（あるいは，新しい需要を創造できる）品質を的確につかみ，設計特性に変換し，この設計特性が十分に発揮できるようにコストとのバランスを考慮し，製品の設計を行なわなければならない．

この目的にそったものに「品質機能展開」がある．

「品質の展開」と「品質機能の展開」を総称して **"品質機能展開"** とよび，玉川大学の赤尾教授らによりつぎのように定義されている[2-g]．

"品質の展開"（略して「品質展開」）とは，

「ユーザーの要求を把握し，これを特性値に変換し，製品の設計品質を定め，これを各機能部品の品質，さらに個々の部品の品質や工程の諸要素にいたるまで，これらの間の関連を系統的に展開していくこと．」

をいう．「品質展開」は，ふつう「品質展開表」（「品質表」ともよばれる）をもちいて展開される．

"品質展開表" とは，

「ユーザーの要求する真の品質を言語表現によって体系化し,これと品質特性との関連を表示し,ユーザーの要求を代用特性に変換し,品質設計を行なっていくための表.」

のことをいう.

品質展開表は,一般に要求品質展開表と品質特性展開表をマトリックスに結合して作成する.

また,

"品質機能展開" とは,

「品質を形成するための職能ないし業務を,系統的に細部に展開していくこと.」

すなわち,

「品質機能を展開し,QC業務を目的と手段の体系として示すこと.」

といいかえることができる.

15.3 品質展開のやり方

品質展開は,一般に次のようにして実施する(図15.1参照).

▼ 品質展開のやり方 ▼

[ステップ 1] 要求品質の展開を行なう.

市場情報を把握し,どのようなものをつくればよいかについて,ユーザーの要求品質を展開し,要求品質展開表を作成する.

"要求品質展開表" とは,

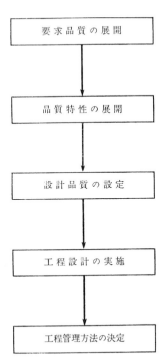

図 15.1 品質展開のやり方

「ユーザーの要求する真の品質を言語表現によって体系化した表.」のことで，これはユーザーの要求品質を展開し，目的に対してこれを達成するための手段，さらに次にはこの手段を目的とみなしてこれを達成するための下位レベルの手段というようにくりかえしていき，ふつう樹(tree)の形で表現する(図15.2参照). 手法としては，新QC七つ道具の系統図が使われる.

[ステップ 2] 品質特性の展開を行なう.

品質特性展開表を作成する.

"品質特性展開表" とは，

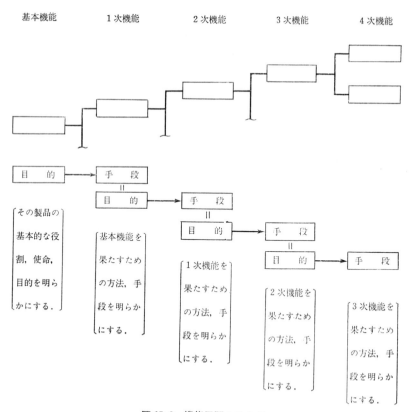

図 15.2 機能展開のやり方

15. 源流管理

「品質特性を体系化した表のこと.」

である.

要求品質展開表で展開した最下位の項目ごとに,それらを具体的に計測可能な特性値に変換する.

要求品質展開表と品質特性展開表とは,マトリックス状(二元表)に結合し,マトリックス図にしておく.

[ステップ 3]　設計品質を設定する.

最終製品への要求や特性値が明らかにされたので,設計品質を設定し,これをどのような技術で達成させていくのかについて考察し,固有技術との対応をつける.ここでは,既存技術を活用し,ネック技術を明確にする必要がある.

この段階では,「機能展開表」や「サブシステム展開表」または「部品展開表」を,必要により作成する.

"**機能展開表**"とは,

「製品のハタラキについて,目的→手段＝目的→手段の関係を展開し,2次,3次のレベルへと機能を展開したもの.」[11]

"**サブシステム展開表**"または"**部品展開表**"とは,

「機械組立部品はサブシステムや多くの構成ユニット,さらに細部の部品から構成されているもので,最終製品とサブシステム,または部品との関連をトリー展開したもの.」[2-g]

をいう.

そして,各種の展開表を総合して品質評価項目を設定し,試験方法を決めておく.また,FMEA,FTA,デザインレビュー(設計審査)を実施し,対策を進め,品質改善をはかる.

[ステップ 4]　工程設計を行なう.

設計品質を工程でつくりこむために,どのような工程とするか検討し,製造方式を設定する.

ここでは，工法，設備，金型，治工具について展開する．

[ステップ 5] 工程管理の方法を決める．

工程展開表を作成して管理特性を明確にし，工程管理の充実をはかる．

"工程展開表"とは，

「ユーザーの要求品質から各部品の特性値にまで展開されたものを，各部品をつくる工程や組みたてる工程の要素の管理特性へと展開したもの．」

をいうが，これは最終的にはQC工程表や作業標準に落としこむ．

15.4 源流管理による大型PC低温タンクの開発事例

(1) はじめに

鹿島建設は，昭和53年以来全社的に品質管理活動を展開しており，時代的・社会的ニーズに適合する品質保証システムの充実をはかっている．

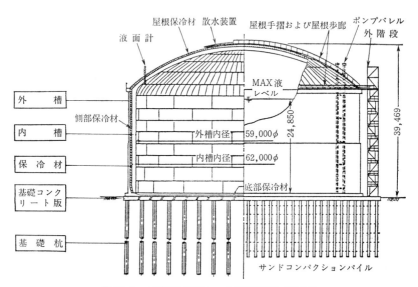

図 15.3 大型PC低温タンク構造図(68,000 kl)

15. 源流管理

ここでは，新製品開発における源流管理の実施例として，鹿島建設土木設計本部[2-h]の「大型プレストレスト・コンクリート(PC)低温タンクの設計・施工技術の開発」の概要を紹介する．

PC低温タンクは液化石油ガス(LPG)を貯蔵するためのもので，タンク構造図を図15.3に示す．

(2) 背　　景

昭和49年末の石油ショック以後，石油代替エネルギーとしてLNG，LPGの輸入量が増加し，これらを安全かつ経済的に貯蔵するための大型低温タンクの建設ニーズが生じてきた．このため，これらニーズに応える新型式タンクの開発の必要が生じた．

(3) 品質保証のしくみ

当社の品質保証活動は，図15.4の品質保証体系にもとづいて実施されている．企画・設計からアフターサービスまで，一貫した流れで品質保証がなされるしくみとなっている．

この基本体系にしたがって，各業務段階ごとに実情にあった品質保証活動を実施している．

図15.5に，事例としてとりあげた新形式PC低温タンクの品質保証のプロセスを示す．これは，顧客ニ

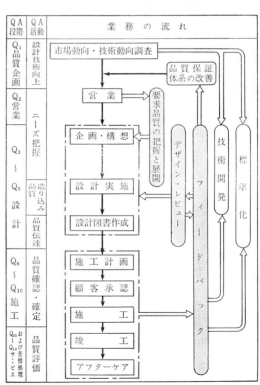

図 **15.4** 品質保証体系の概要

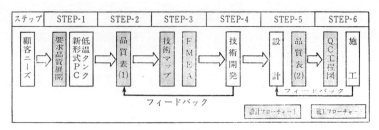

図 15.5 品質保証のプロセス

ーズを十分に満足する新製品を源流管理し,工程でつくりこむことを目的とするものである.

(4) **源流管理による品質保証活動の実施**

品質保証のプロセスにしたがって,各ステップごとに源流管理の概要をのべる.

［ステップ 1］ 要求品質展開を実施し,顧客ニーズを明確にするとともに,ニーズに適合したタンク形式として,新形式 PC 低温タンクを選定した(図15.6参照).

［ステップ 2］ 新形式 PC 低温タンクに関して,品質表(1)を作成し,タンクの品質特性およびその重要度を要求品質と対比させて明確化した(図15.7参照).

［ステップ 3］ 設計・施工技術の開発のために,図15.8に示す技術マップを作成し,当社保有技術が新製品開発のために必要な要素技術に対応可能かどうか検討し,技術的に不足しており,向上させる必要のある項目を重要技術開発項目として選定した.

さらに,FMEA も実施し,PC 低温タンクの機能におよぼす故障の推定原因の評価を行ない,検討すべき項目を洗い出した.この結果と前出の技術マップの評価結果の両者を勘案して,重要技術開発項目を決定した(図15.9参照).

［ステップ 4］ 重要技術開発項目の実施にあたっては QC 手法を活用し,十

15. 源 流 管 理

基本	1次	2次	3次	重要度	PC低温タンク	他タイプA（タンク）	他タイプB（形式）	他タイプC
地上式低温タンク	安全性が高い	漏液時の安全性	ガス拡散が少ない	A	◎	△	◎	◎
			液の流出がない	A	◎	○	◎	◎
		タンク外槽の安全性	火災時の耐熱性が高い	B	◎	○	◎	◎
			外部からの衝撃性が高い	C	◎	○	◎	○
		地盤の安全性	低温熱衝撃に対して強い	B	◎	○	△	○
			支持地盤が沈下しない	A	○	○	○	○
		地震時の安全性	基礎の不等沈下等の不同量が小さい	A	◎	◎	◎	◎
			タンク全体の耐震性に優れている	A	◎	△	○	○
			機器配置施工ができる		○	○	○	○
		大量に液の入手が容易	一般的な材料で構成される	C	○	△	○	○
	経済的である	土地の有効利用が可能	タンク建設用地が少ない	A	○	△	◎	○
			防液提がいらない	A	○	△	○	△
		メインテナンス費用が安い	防錆、防腐処理が少なくて済む	B	○	△	△	△
		建設コストが安い	材料費が安い	B	◎	◎	△	○
			設備費が少なくて済む	C	○	○	○	○
		運転費が安い	ヒーター設備のランニングコストが安い	B	△	○	○	△
			ガス再液化設備のランニングコストが安い	C	○	○	○	○
総合評価				得点	146	105	120	132
				順位	1	4	3	2

凡例

評価	◎	○	△
重要度	A	B	C
評価点	3点	2点	1点

得点の計算法（例）重要度がAで評価が◎の時　得点＝3×2＝6

図 15.6　要求品質展開表

図 15.7　品質表(1)

要求品質		品質特性	重要度	全体 形式 形状		その他		形状寸法				設備		材料強度					物性値				低温特性				荷重					
				基礎工形式	上部工形式	内外槽の形式	同槽封気体	外槽の形式	内径	陸高	液満時液深	ヒーター形式	ヒーター温度	設計基準強度	PC鋼材の材質	鉄筋の材質	屋根鋼材の材質	保冷材の材質	コンクリートの熱膨張係数	PC鋼材のヤング率	一般鋼材の総熱係数	保冷材の総熱係数	コンクリートの強度	PCコンクリートの材質	PC鋼材の材質	鉄筋の材質	自重	設計圧力	屋根荷重	液圧荷重	温度荷重	風荷重
		重要度		A	B	A	A	A	A	A	A	B	A	A	A	A	A	A	A	B	B	A	A	B	A	B	B	B	B	A	A	B
PC低温タンク 安全性が高い	漏液時の安全性が高い	ガス拡散が少ない	A	◎		◎		◎	◎	◎																							
		液の流出がない	A	◎	△			◎	◎	◎																							
		爆発の危険がない	A	◎			◎																										
	非常時の安全性が高い	火災時の耐熱性が高い	B	◎				○	○					○			△																
		外部からの衝撃性が高い	C	◎				○	○								△																
		低温の衝撃性が高い	A	◎				○	○												○		◎	○	◎	○							
	常時の安全性が高い	残留沈下が少ない	B	◎																			△										
		不等沈下が少ない	A	◎																							○						
		地表面の圧着沈下がない	B	◎																							△	○	△				
		常時支持力が十分ある	A	◎																							○	○	○				
		常時各部材強度が十分ある	A	△								△		◎	◎	◎	△		△	△							○	◎	○	○	○		
		減上変位を起こさない	A	△																							○	◎	○	○			○
	地震時の安全性が高い	地震時支持力が十分ある	A	◎																													◎
		地震時水平変位が小さい	B	◎	△																												○
		地震時各部材強度が十分ある	A	△								△		◎	◎	◎	△		△	△				△		△	△		△	○	○		◎
		地盤が液状化しない	B	△																													

212

図 15.8 技術マップ

構成品	機能	不良モード	不良の影響	推定原因	重要度の評価					備考
					発生頻度	影響度	処理の難易度	評価	等級	
側 壁	内槽破損時に内容液の流出を防ぐ 内槽破損時にガスの拡散を抑える 内槽破損時の衝撃圧に耐える	有害なひびわれの発生	内槽破損時ガスが漏れる	地震による側壁への異状荷重	1	4	4	16	A	基礎杭を含めた動的耐震解析の実施
				地震による基礎杭の破壊	1	4	4	16	A	
				地震による基礎スラブの破壊	1	4	4	16	A	
				低温による温度応力	1	4	4	16	A	温度応力の解析を実施
				コンクリートの施工管理不良	2	2	2	8	C	
				PC鋼材の施工不良	2	2	2	8	C	
				基礎杭の不等沈下	2	2	2	8	C	
				鉄筋，PC鋼材の不足	2	3	2	12	B	
				コンクリートの品質不良	2	3	2	12	B	
		過大な変形	保冷材の破壊	低温による温度応力	1	4	4	16	A	温度応力の解析を実施
			シールメタルの破壊	地震による側壁への異状荷重	1	4	4	16	A	基礎杭を含めた動的耐震解析の実施
				部材断面の不足	2	3	2	12	B	
		断面破壊	内槽破損時，内容液の流出	地震による側壁への異状荷重	1	4	4	16	A	基礎杭を含めた動的耐震解析の実施
				地震による基礎杭の破壊	1	4	4	16	A	
			内槽破損時のガスの拡散	低温による温度応力	1	4	4	16	A	温度応力の解析を実施
				コンクリートの品質不良	2	3	2	12	B	

図 **15.9** PC 低温タンクの FMEA

表 **15.1** 重要技術開発項目

重 要 技 術 開 発 項 目	活用 QC 手法
① タンク全体の耐震性(地盤の動的特性値の改善)	回帰分析
② 低温による温度応力の解析(設計用熱伝導率の設定)	分散分析
③ 設計基準の設定(低温材料の物性値の設定)	回帰分析
④ 内槽との関連個所の施工法	連関図，系統図
⑤ 大容量 PC 工法の開発	実験計画法

分な成果をあげることができた．表15.1に重要技術開発項目と活用 QC 手法を示す．

[ステップ 5] 技術開発により実証された事柄は，品質表(1)へフィードバックし，代用特性を確定した．

PC 低温タンクの設計は，この品質表(1)を基本として，図15.10に示す設計フローチャートにしたがって設計条件の設定，設計計算の実施，設計図面の作成などを行ない，顧客ニーズに応える設計を行なうことができた．

設計者の意図をもれなく施工サイドに伝達するために作成したものが，図

15. 源流管理

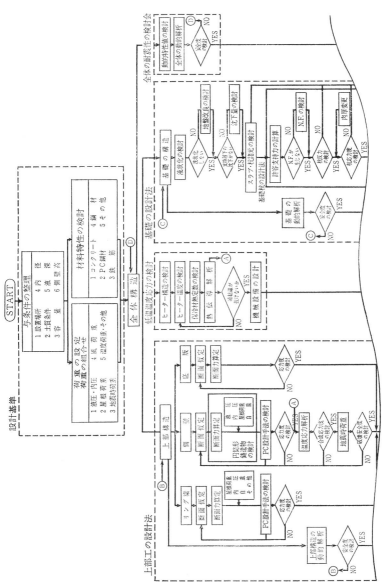

図 15.10 設計フローチャート

図15.11 品質表(2)

工事プロセス管理特性	重要度	材料試験				コンクリート工事											タンク上部工事											鉄筋工事					PC鋼	
構造物品質特性		圧縮強度	スランプ	空気量	圧縮強度モニター	打設 空気量	スランプ	打設温度	打込温度	トレミ設置速度	ひび割れ	養生 保温状態	温調状態	圧縮強度	出来映え	製作精度	検査墨出精度	型枠組立	建込	解体	材料検査	加工 曲げ	切断	組立	材料検査		
全体 形式 上部工形式	A	○		○		○					◎				◎	○	○	◎	○	◎				◎			
基礎形式	A	○				○					○				○	○		○		○							
形状 形状	B					△					△				△	△	△	△		△							
その他 内外槽密封気体	A											○																
槽 形式 外槽の形式	A					△					△				△	△	△	△		△							
形状 内径	A					△					△				△	○	○	△		○							
槽高	A					△					△				△	△	△	△		△							
漏液時液深	B																											
ヒーター形式	A					△					△				△													
ヒーター温度	A					△					△				△													
PC設備	A	○	○	○	○	○	○																		◎		△
材料強度 コンクリートの設計基準強度	A	○	○	○	○	○	○	△	△	△	△			○	△												
PC鋼材の材質	A																								◎	◎	
鉄筋の材質	A																					○	◎				
屋根鋼材の材質	A																										
保冷材の材質	A																										
材質 シールメタルの材質	B																										
特性値 コンクリートの熱定数	B	○	○	○	○	○	△	◎	◎		△	◎	◎	◎	△										◎	◎	
コンクリートのヤング率	B	○	○	○	○	○	△	△	△		△	◎	◎	◎	△												
PC鋼材のヤング率	B	○	○	○	○	○	△	△	△		△	◎	◎	◎	△							○	◎				
保冷材の熱定数	A																										
一般鋼材のヤング率	B	○	○	○	○	○	△	△	△		△	○	○	○	△							○	◎	○			

部所名		成作者	昭和 55 年 9 月 5 日制定	昭和 55 年 10 月 30 日修正
工事名　ＬＰＧタンク建設工事（上部工事）			昭和 55 年 9 月 6 日実施	昭和　年　月　日修正

工程手順		工程			管理項目		管理方法			管理責任者	記録	異常処理		関係標準点
		工程	種別	機械工具	管理点（点検点）	規格	検査項目	頻度	検査器具			処理責任者	方法	
PC鋼材工														
(重要度)	A	材料検査	PC鋼棒	—	(数量, 形状)	正, 否	径, 長さ, ネジ長, 本数	入荷時	スケール, 目視	資材係	チェックシート	工務主任	変更, 取替, 再発注	納品書, 発注表
	A			—	強度, ヤング係数	JIS規格	降伏点, 引張強度, 伸び	入荷後	目視	管理主任	〃	〃	—-·-—	ミルシート
	A		PC鋼より線	—	(数量, 長さ)	正, 否	径, 長さ, ドラム数, 巻方	入荷時	目視	資材係	〃	〃	—-·-—	納品書, 発注表
	A				強度, ヤング係数	土木学会規準	降伏点, 引張強度, 伸び	入荷後	〃	管理主任	〃	〃	—-·-—	ミルシート
	A		アンカー, カップラーシース	—	(形状, 数量)	正, 否	寸法, 形状, 数	入荷時	スケール, 目視	資材係	〃	〃	—-·-—	納品書, 発注表
	A				材質	良, 悪	強度, 品質	入荷後	目視	管理主任	〃	〃	—-·-—	ミルシート
	B	PC鋼棒加工	アンカー取付	溶接機 スパナー	(ゆるみ度)	良, 悪	ナットの締付 スパイラル筋溶接	加工後	スケール	工務係(A)	チェックシート	フォアマン	手直し	組立要領書
	C		シース取付	切断機	(長さ, ジョイント部)	〃	径, 長さ, 継手	〃	スケール, 目視	〃	〃	〃	〃	〃
	A	PC鋼棒組立	組立精度	クレーン ハッカー	(位置)	±10mm以下	スペーサー位置, シース間隔	建込後	スケール	〃	管理報告書	〃	〃	設計図面
	A			〃	(垂直度)	±15mm以下	型枠に対するズレ	〃	〃	〃	〃	〃	〃	〃
	A			〃	(間隔)	±20mm以下	シース間隔	〃	〃	〃	〃	〃	〃	〃
	A			〃	(かぶり)	±10mm以下	型枠に対するズレ	〃	〃	〃	〃	〃	〃	
	A		カップラー継手	パイプレンチ マワシ機	(ネジ込長)	50mm	締付度, 露出ネジ長	継手時	目視	〃	チェックシート			
			カップラーシース継手		(シール状態)	良, 悪	ビニールテープ巻方	継手後	〃	〃	チ			
	A	PCケーブル組立	シース取付											
	A													

図 15.12　QC 工程図

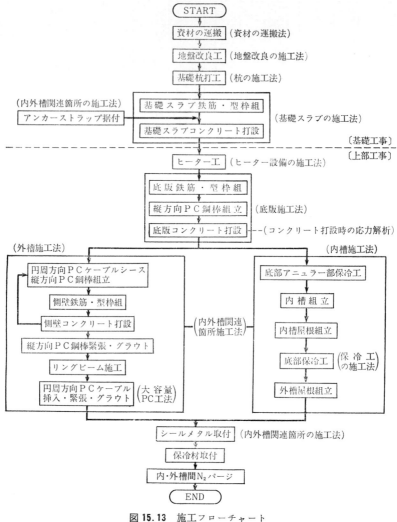

図 15.13 施工フローチャート

15.11に示す品質表(2)である．これは，品質表(1)における品質特性と，現場施工における工事プロセス管理特性とを対比させて，現場管理のための規格値を定めたものである．

15. 源 流 管 理

[**ステップ 6**] 品質表(2)により施工に伝達した管理特性である規格値をQC工程図に反映させ, 施工管理における5W1Hを明確にした(図15.12参照).

施工手順は, 図15.13に示す施工フローチャートにしたがって行ない, 工期短縮のため内槽・外槽を同時施工した. その結果, 工期18カ月という短期間に無事竣工することができた.

(5) おわりに

いままでのべてきたような源流管理による品質保証活動をとおして, 当社は次にのべるような有形・無形の成果をあげることができた.

① 顧客ニーズにマッチした企画, 設計, 施工, アフターサービスが行なえるようになった.

② 業務の流れが円滑になり, ムリ, ムラ, ムダを低減させることができた.

③ 組織的品質管理の展開により, いままで以上に品質の良い建設ができるようになった.

④ 組織の活性化がなされた.

さらに, TQCの導入により品質に関する意識の向上がなされた意義には大なるものがあった. しかしながら, 品質管理の具体的展開に関してはいまだ不足な点も残されており, 今後一層の努力と研鑽を重ね, 改善活動を実施していきたい.

16. 教 育 · 普 及

――教育・訓練を強化して，人材の開発・育成に努めること.

16.1 教育の基本的な考え方

「QCは，教育にはじまって教育に終わる」とよくいわれる．QCの導入・推進にあたっては，教育が重要である．QCの教育が企業の内外でよく行なわれていることは，わが国のQCの特徴の1つとなっている．

教育は，企業の発展を支えるため，業務遂行に必要な知識・技能およびモラールの向上を目指し，社員1人1人の能力や資質を把握し，長期的視野にたって，人材の開発・育成をはかることにそのねらいがある．

デミング賞実施賞の審査においても，「教育・普及」について重視し，次のチェックポイントにより審査を行なうことにしている．

(1) 教育計画と実績．

(2) 品質意識，管理意識，品質管理に対する理解度．

(3) 統計的考え方および手法の教育と浸透状態．

(4) 効果の把握．

(5) 関連会社(とくに系列会社・外注先・業務委託先・販売会社)の教育．

(6) QCサークル活動.

(7) 改善提案の制度と実態.

以下に，デミング賞実施賞の受賞会社における教育の基本的な考え方について眺めてみよう（図16.1〜16.3参照）.

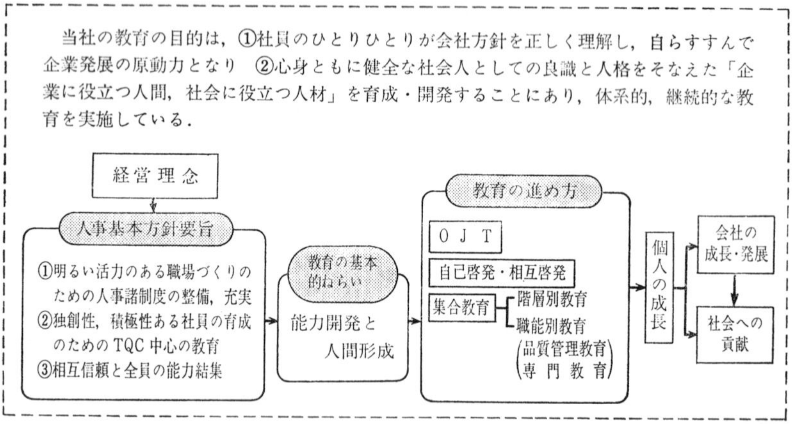

当社の教育の目的は，①社員のひとりひとりが会社方針を正しく理解し，自らすすんで企業発展の原動力となり　②心身ともに健全な社会人としての良識と人格をそなえた「企業に役立つ人間，社会に役立つ人材」を育成・開発することにあり，体系的，継続的な教育を実施している．

図 16.1　萱場工業における教育の基本1-d)

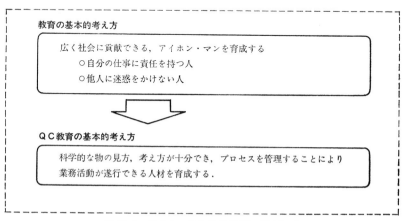

図 16.2　アイホンにおける教育の基本1-c)

16. 教育・普及

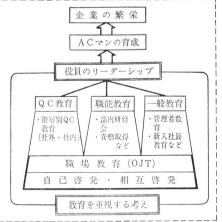

当社の教育は、「**企業繁栄の原動力となるACマンを育成する**」ことを目的としている．とりわけ'80年代の厳しい企業環境に対応するため、科学的なものの見方・考え方と固有技術を身につけ、業務活動を活発に遂行できる人材を育成することに教育の重点をおいている．

このような考え方にもとづき、右図のように、役員のリーダーシップと教育を重視する考えのもとに、教育を計画的・体系的に実施している．

図 16.3　アイシン化工における教育の基本 1-b)

教育は，次の"**基本的な考え方**"にたって、継続的に実施する必要がある．

(1) 対象を層別し，そのニーズに即して教育コースを体系化し，全社員のレベルアップを効果的に行なう．

(2) 人事管理制度と有機的に結びつけ，教育参加の機会と能力発揮の場を積極的に与え，自主性・創造性を高める．

(3) 組織の一員として必要な協調性と，社会人として要求される人間性，人格，識見を養成する．

このためには，教育および人事の諸制度の充実ときめ細かい運営に配慮しつつ，人材の育成を推進していく必要がある．

図16.4に，人材育成のしくみを例示しておく．

16.2 教育体系

QC教育にあたっては知識だけの教育をするのではなく，現場で使える役にたつ，いわゆる「わかる教育」より「できる教育」へ重点をおかなければなら

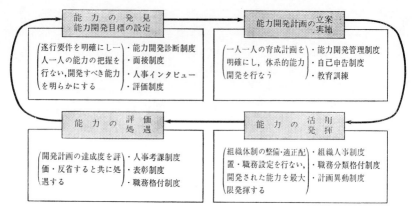

図 16.4 人材育成のしくみ

ない.

　一般に企業で行なう QC 教育は,企業の教育方針,職場の要請によって実施されるものであるが,教育効果をあげるためには,企業に適した形で組織的・継続的に実施することが重要である.

　QC 教育は,他の専門教育と同じように,企業の発展のため,長期の見通しにたって体系化しておくことが必要である.

　体系化にあたっては,企業の現状,将来の展望,あるいは社員の能力,教育の方法など十分吟味して進めるべきである.その場合,QC の理解度,QC サークルの活動状況など,TQC の推進状況を加味しておくことも重要である.

　図 16.5 に,トヨタ自動車の購買部門(自動車用補給部品や鉄鋼,樹脂など原材料・資材,機械・設備などの購買業務を担当している部門)における教育体系を,図 16.6 に安川電機製作所の教育体系を示す.

16.3 Q C 教 育

(1) QC教育の方法

16. 教育・普及

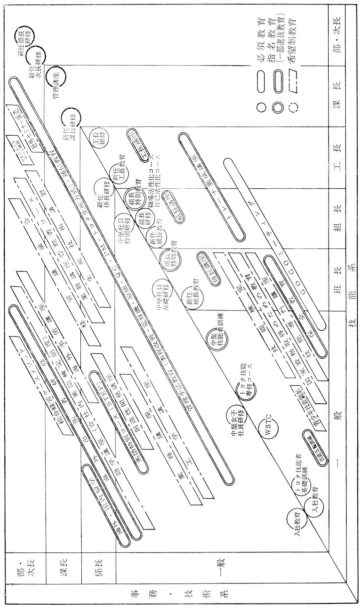

図16.5 トヨタ自動車購買部門における教育体系 2-i)

図 16.6 安川電機製作所における教育体系2-i)

階層	階層別教育	全社集合教育	職能別教育	事業所集合教育
役員	トップセミナー			
部長	部長研修	品質管理重役特別コース／品質管理経営幹部特別コース		
課長	課長研修	QCC・PTAコース／QCCトップコース		
係長	係長研修	TQCインストラクターコース／TQC審査員研修／新QC係長研修／TQC推進担当者コース／QCC推進者コース	販売技術インストラクターコース	
職員	職長研修	新QC職長研修／TQC職長コース／安全職長コース／品質管理セミナー／職組長養成コース	QCC準上大学／プロダクト・ライアビリティ入門コース	
一般 2級以上・3級以下		QCCリーダーコース／再発防止コース／ブラザー研修／購買資材管理セミナー／外注品質管理ベーシックコース／資材品質管理セミナー／官能検査セミナー／各種参照研修／QCC洋上研修	販売専門コース／販売特別コース／販売技術コース／SQC実践研修／IE技術研修／EE開発技術研修／IV特許技術研修／設計技術研修／生産技術研修／サービス技術研修／専門技術外部研修／品質実践研修／頼性実践研修	
新入社員	フォローアップ研修I／導入研修	新QC基礎コース／販売導入コース／販売基礎コース		女子導入研修／フォローアップ研修II／女子社員研修／会議の進め方研修／計数研修／SQC実践研修／品質実践研修／頼性実践研修／コンピュータ研修／実務語学研修／技能導入研修／開眼技能研修／後期技能研修／中堅技能研修

事業所独自の研修　TQC指導室

社内研修　専門教育　部外派遣　全社集合教育　職能別教育　社内研修　外部派遣　販売職　事務職　技術職

16. 教 育 ・ 普 及　　　　227

QC教育には,

①　社外教育

②　社内教育

の2つがある.

　社外教育(外部講習会)は, 講師が社内教育のときのように固定せず, 経験豊富な講師から卓越した話を聞くことができ, 他社の実情が学べ, 他企業の人と机をならべて勉強ができるので相互啓発がはかれるなどの特徴をもっている. したがって, 社外講習会への参加と社内教育とを上手に組みあわせて実施することである.

　社内教育には,

①　職場外集合訓練(OFF・JT ; off the job training)

②　職場内訓練(OJT ; on the job training)

がある.

　職場外集合訓練は, 仕事場からはなれて集合訓練するもので, 1つのものを系統だてて教育するのに都合がよい.

　職場内訓練は, 現場で上司が部下に対して仕事の遂行に必要な知識・技能・態度などについて教育するものであり, 実践に即した教育である. この教育は仕事を通じて行なわれるので, 自分に直接関心のあるものだけに理解が早く, 教育効果も大きい.

　なお, QC教育の大きな特徴の1つに, QCサークル活動がある. この活動は, グループで活動するなかでの自己啓発, 相互啓発によるもので, 職場に密着した教育として効果が大きい.

(2)　**QC教育の実際**

　QC教育として, 全社員に教育しておかなければならない基本的事項としては,

① QC の考え方(QC 的なものの見方，考え方)

② QC 的な仕事の進め方，QC の実践の仕方

③ 統計的な考え方とデータ解析の方法(QC 手法)

の３つを理解させることである．

　教育プログラムは，通常次の項目について作成されるが，内容は対象者，教育内容などによって異なる．

▼ 教育プログラムに盛りこむべき内容 ▼

① コース名．

② ねらい，到達目標．

③ 対象者．

④ 日程と時間．

⑤ 場所．

⑥ 科目と内容(教える項目，順序，テキストの範囲)．

⑦ 講師．

⑧ 使用テキスト．

⑨ 教具，教材(OHP ; overhead projector, VTR ; video tape recorder など)．

⑩ とくに重点をおいて教える内容．

⑪ とくに注意すべき内容．

⑫ 演習問題と解答．

⑬ 宿題と解答．

⑭ テスト問題と解答．

⑮ 実践研究会実施要領(ねらい，テーマの選定と登録，活動の推進，活動報告書の作成，活動成果報告書の作成，成果発表会の開催)．

⑯ 修了基準．

⑰　教育成果の確認・評価.

（3）　QC教育実施のポイント

QC教育を効果的に行なうためには，次の諸点に留意することである．

♣ QC教育を成功させる10のコツ ♣

［その 1］　QC教育を全社教育プログラムの中核に位置づけること.

「当社のような業務では，QCは必要ない」,「TQCは，仕事とは別物である」といった間違った認識を打破し，日常業務と TQC との一体感をつくるためにも，従来の教育体系のなかに QC教育をしっかりと位置づけ，マネジメント教育や技能訓練との相互補完関係をもたせ，これらを基軸とした教育体系を確立する．

［その 2］　教育は上位職から実施すること.

TQC活動の牽引者は，トップである．TQC の推進に関与の度合いのより大きい上位管理者層の教育を優先し，順次下位職へと教育対象者を拡大して，QCに関する知識を付与する．

［その 3］　階層別に全社員を教育すること.

QC を定着させ，効果をあげるためには，全社員が QC 用語を共通の言葉としてもちい，QC の考え方や QC 手法を実務に応用していくことが必要である．このためには，階層別に教育カリキュラムを設定し，全社員教育を実施する．「私は QC 教育を受けていないので，そんなこと知りません，活動の仕方もわかりません」といわせないようにすることも必要である．

［その 4］　QCの基本的な考え方をしっかり理解させること.

本書でのべた QC の考え方，つまり「品質第一」,「PDCA のサイクル」,「重点指向」,「ファクト・コントロール」,「プロセス・コントロール」,「消費者指向」,「後工程はお客さま」,「QC 手法の活用」などをしっかり理解させる．

230

[その 5]　QC 七つ道具を確実に取得させること.

職場の問題解決をはかるカギは，QC 手法にある．やさしい QC 手法，なかでも QC 七つ道具については，学習と演習と実践をくりかえし，徹底的に教えこむ．QC 七つ道具は，担当者からトップまでの必須課目とする必要がある．

[その 6]　カリキュラムに演習，GD をとりいれること.

教育カリキュラムの作成にあたっては，講師からの一方的な講義だけでなく，演習やグループ討論(GD；group discussion)をより多くとりいれることである．

演習は，相手に実際にさせてみるので，より理解が深まる．また，グループ討論は，経験交流や相互啓発を通じてコミュニケーション技術を修得し，風通しのよい職場づくりを促進する．

[その 7]　自社の事例集を作成し，活用すること.

QC の考え方や手法は，各業種に共通して活用できるものであるが，教材としては自社の事例をもちいたほうが理解も早い．事例をもちいて説明すると，「なるほど，そんな風にやればよいのか，そんなところに使えるのか」と納得させることができ，実践に結びつけやすい．

なお，テキストを自社で開発している会社もあるが，生半可な知識で作成すると誤った記述が多く感心しない．執筆陣に人をえない場合は，市販品の活用をすすめたい．

[その 8]　事例研究会，手法研究会，OJT を活用すること.

教育の結果をたんに知識のレベルにとどめることなく，実際の日常の業務に適用して効果をあげていくために，事例研究会や QC 手法研究会などの研究会を設け，定期的に実施する．

また，実際問題を題材にして OJT を行なう．

[その 9]　教育後は必ずフォローアップを行なうこと.

QC 教育は，知識を与えるのが目的でなく，実践させるのが真の目的である

から，フォローアップは必ず必要である．

このためには，実践研究会をもつことである．自部署の重点課題をテーマとして登録し，実践活動を通じて，講習会で取得した理論，手法，進め方を体得し，品質向上，能率向上，コストダウンなどの組織的促進をはかる．

[その10] **TQC 推進室，教育課などの関連部所が教育の共同運営にあたること．**

QC 教育を全社教育体系の中核として位置づけ，マネジメント教育，技能訓練，階層別教育と関連をもたせるため，TQC 推進室と教育課が相互に緊密な連絡をとりながら共同運営にあたる．

また，事業部内の各部も講師の派遣や事例提供に協力する．

16.4 東京重機工業における教育・普及活動

次に，東京重機工業の工業用ミシン本部における教育・普及活動についてのべる[1-c]．

当本部は，工業用ミシン業界で，メカトロニクスの時代に先駆けた新型自動糸切ミシンを開発するなど，製品開発で業界をリードしている．1981年度には，品質保証活動，方針管理の充実，QC サークル活動の活性化，固有技能とQC 手法の結合による効果的な TQC の推進が評価され，デミング賞実施賞事業部賞の受賞の栄に浴している．

(1) 教育のねらい

当本部の教育は，図 16.7 のような 5 つのねらいのもとに進めている．

(2) 実施状況

1) QC 教育

当本部の QC 教育は図 16.8 のように推移し，階層別体系も整備されるよう

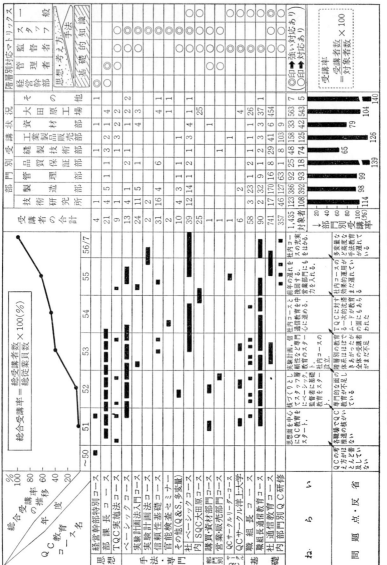

図 16.8 QC教育の実施状況ならびに階層別マトリックス

16. 教育・普及

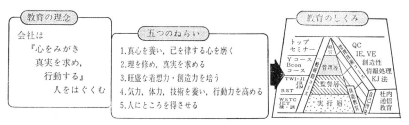

図 16.7 教育のねらい

になった．

昭和51年からスタートしたQC教育の普及によって，QC手法の活用件数は図16.9に示すように，着実に伸びてきた．

また，社内コースを設けることによって，社内トレーナーも育成されるようになり，QC教育に幅が出てきた．

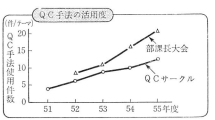

図 16.9 社内大会発表要旨集にみるQC手法使用件数

2) 一般教育

全社の教育理念「会社は心をみがき，真実を求め，行動する人をはぐくむ」にもとづき，企業活動の源泉である人材の育成に努めてきた．とくに昭和55年からは，社内通信教育講座を開講し，実施している．

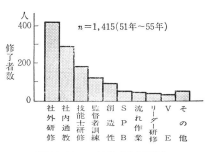

図 16.10 一般教育修了実績

3) 技能士養成

高品質をつくりこむために技能の一層の向上を目的として，昭和39年職業訓練法にもとづく技能検定制度を導入し，現在まで多くの技能士を養成してきた．とくに昭和41年に発足した技能士会は，技能士育成の推進母体としての役割を果たしている．また，有資格者に対しては人事評価に反映させ，資格取得

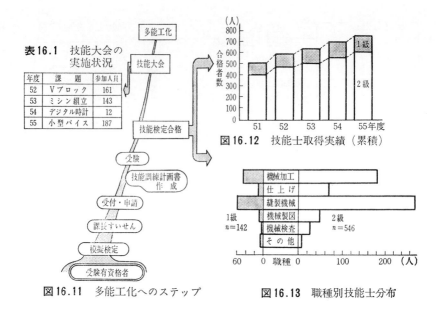

図16.11 多能工化へのステップ　　図16.13 職種別技能士分布

を奨励している.

取得職種も機械加工,仕上げ,縫製機械整備,機械製図など広範囲にわたっている(表16.1,図16.11～16.13参照).

(3) 教育の効果と問題点

効　果
① QC教育が徹底されるに従い管理・監督者層の仕事の進め方が計画的になってきた
② みんながデータでものを言うようになってきた

問題点
① 分析・解析の段階で「三現主義(現物を現場で現実的に観る)」が定着していない
② QCサークル活動がまだ不十分である

17. 方 針 管 理

―― 方針管理で統一ある企業活動を展開すること.

17.1 方針管理の必要性

　企業が存続し，しかも生成発展していくためには，トップが決めた方針のもとに全社が融合して，統一ある企業活動を行なうことがもっとも肝心である.

　TQC 活動は，全部門・全員参加の活動である.　全部門の全社員が，同一目的に向かって活動を進めていくためには，

　　「全員がどの方向に向かって活動するか」

を，徹底させる必要がある.　ところが，

- 社長方針(事業方針)が末端にまで伝達されず，上下間・部門間の統一が不十分で，目標も未達成に終わってしまった
- トップの方針が具体的でなく，何をやればよいのかわからない
- 部長方針の決定が遅いし，年度の途中でくるくるかわって困る
- 前年度の問題点の反省・解析が不十分なまま，願望的な目標を出して方針を設定している

など，方針に関する問題点は多い.

早稲田大学の池澤辰夫教授は，TQC を導入しようとするとき，まず遭遇する問題点として，次の点をあげている[2-k]．

(1) 会社方針が不明確であり，各部門各層に伝達されないこと．

(2) 会社方針が示されても，方針の達成状況がチェックされていないこと．

(3) 会社方針の達成状況のチェックで問題点が明確にされ，これにもとづいて次期の方針が設定されるという，方針の管理が行なわれていないこと．

企業経営のためには，事業方針が統一的な考え方，しくみのもとに全社に展開・実施され，PDCA のサイクルを回すことにより，目標の達成を確実なものとし，その過程で行なわれた仕事のやり方を標準化することにより，来期以降の仕事のレベルアップをはかっていくことが必要である．ここに，方針管理の意義がある．

"方針管理" とは，

「会社の社是，経営理念，長・中期経営計画などにもとづいて出された年度経営方針(社長方針)を達成するために，各職階がそれぞれの方針を調和し，整合した形で展開・策定(plan)して，それを実施(do)し，結果の検討(check)を行ない，必要なアクション(action)をとる組織的な管理活動．」

をいう．

デミング賞実施賞の審査におけるチェックリストの第1項目には「方針」があげられ，次の項目にもとづいてチェックされることになっている．

① 経営および品質，品質管理に対する方針．

② 方針決定の方法．

③ 方針の内容の妥当性，一貫性．

④ 統計的方法の活用．

⑤ 方針の伝達と浸透．

⑥ 方針およびその達成状況のチェック．

⑦ 長期計画，短期計画との関連．

方針管理を効果的に行なうためには,

(1) **方針の明示, 徹底**——トップの方針が明示され, これが各部門・各層にまで連鎖して展開されるとともに, トップの考え方が十分伝達・理解されていること.

(2) **計画の作成**——トップの方針を達成するために, 自分としてやらなければならないことが具体的に計画できていること.

(3) **実施の検討**——計画が実施され, 達成状況がチェックされていること.

(4) **管理**——方針の達成状況のチェックによって問題点が明確にされ, これにもとづいて次期の方針が設定されるという, いわゆる方針の管理が行なわれていること.

などが必要である.

17.2 方針管理の目的と効果

方針管理は,「上部方針」ならびに「自部門としてやらなければならない方針」の達成のために阻害要因を解析し, 達成の方法を新たに創意工夫し, 不都合なところを改善する現状打破の管理活動である. 方針管理は,「こうありたい」と「これならできる」とのギャップを埋めるための目標と方策(手段)の対応関係の確立を, PDCA のサイクルを回しながら, 各職階・各部門にわたって展開する管理活動である (図 17.1 参照).

方針管理を実施する目的は, 次のとおりである.

▼ **方針管理の目的** ▼

(1) 事業経営上の目標を達成す

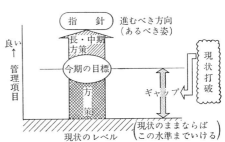

図 17.1 方針管理とは

るために，真に重点にすべき課題と，それを達成するための方策を明らか
にし，実行することにより，経営目標の確実かつ効率的な達成をはかる.

(2) 重点課題の解決推進にあたって，QC的問題解決を意識して進めること
により，効率的な問題解決の仕方，仕事の進め方を改善し，実務に定着さ
せる.

(3) 社長方針を事業部長・担当部長に展開することにより，重点問題を理解
するとともに，相互の意志疎通を円滑に行ない，タテ・ヨコの部門間の有
機的なつながりをより緊密にする.

方針管理を実施することにより，次のような効果をあげることができる.

❦ 方針管理による10の効果 ❦

(1) 企業の経営活動における**経営目標**を，確実かつ効率的に達成できる.

(2) 品質保証システムおよび新製品開発システムを軸とするしくみの改善を
行なって，**経営体質の強化**をはかることができる.

(3) 方針管理の実施により，企業の各部門の業務の質および**管理レベルの向
上**をはかることができる.

(4) 業務遂行にあたって，問題意識をもって各職階が「己は何をなすべき
か」を明確にでき，自分の担当業務の全社的な位置づけや**役割**が自覚でき
るようになる.

(5) 上下・左右のすり合わせを各階層ごとに行なうことによって各職階の役
割分担が明確となり，**トップの意志**を末端にまで徹底できる.

(6) 重点管理・重点指向の考え方をして，**重要課題の解決**や重要業務の遂行
ができるようになる.

(7) 勘や経験でものをいっていた状態から事実とデータでものをいうように
なり，**計画的な業務の遂行**が可能になる.

17. 方　針　管　理　239

(8)　社員の無気力化を防ぎ，動機づけし，ファイトある**人材**をつくり出すことができる.

(9)　**環境の変化**に対して目標の修正，計画の変更，および仕事のしくみを適時かつスピーディにかえていくことができるようになる.

(10)　全社の**TQC 活動**を総合化することができる.

17.3　方針管理の進め方

方針管理では，PDCA のサイクルを回すことを重視する.

方針にもとづいて「計画(plan)」をたて，それにより「実行(do)」し，その結果を「検討(check)」し，もし計画どおりにいかなければ解析をしてその原因を明らかにし，仕事のやり方やしくみの改善への「処置(action)」をとる.

方針管理の手順を示すと，次のようになる. ここでは，「社長方針設定の手順」と「部長の方針管理の具体的な進め方」についてのべる.

(1)　社長方針設定の手順

[手順 1]　**全社長・中期経営計画から，今期の課題を明確にする.**

①　今期に解決すべき課題を摘出する.

②　課題の重要度を決める.

[手順 2]　**社内の課題を明確にする.**

①　前期の社長方針の目標と実績の差異，および前期経営計画値の差異をQ(品質)，C(利益・原価)，D(生産量，販売量)，S(安全)，M(教育・人事)などの角度から分析する.

②　全社の過去数年間の実績(数値)による傾向・特徴を解析する.

③　今期の解決課題(経営改善課題，体質改善課題)を摘出する.

④　課題の重要度を決める.

240

[手順 3]　外部環境動向から新たに予見される課題を明確にする.

① 政治・経済・社会・国際関係などの変化, 傾向および同業競合
他社の動勢, 既得意先の動向などの解析を行なう.

② 新たに予見される課題を摘出する.

③ 課題の重要度を決める.

**[手順 4]　社長は事業部長と十分なヒヤリングを行ない, 全社の課題を明確
にする.**

① 事業本部の重要課題, 緊急課題, 改善課題, 長期継続課題など
を摘出する.

② 課題の重要度を決める.

[手順 5]　課題を本社と事業本部に分けて重要度を決める.

手順1~4について十分検討したうえで, 本社で解決すべき課題
と事業本部の課題に分けて重要度順にまとめる.

[手順 6]　社長方針を策定する.

課題の重要度にもとづいて社長重点方針を策定する.

[手順 7]　方針書を作成し発表する.

① 方針書を作成し, 重点方針, 管理項目, 目標値などについて発
表し, 明示する(表17.1 参照).

表 **17.1** 用語の説明

	方　　　　　　　　針		
	重　点　方　針	目　　標　　値	方策(重点施策)
意 味	当年度の目標を達成するために経営活動がどの方向に重点的に進むべきか, どこに力をいれるべきかを示したもの.	達成すべき結果(到達するターゲットまたはゴール)を数値であらわしたもの(数値であらわせない場合でも達成の有無がわかるように具体的に文章で表現されたもの).	目標を達成するための方策(手段)のこと(問題点の解決に対してどのような考え方・戦略・戦術で進めるかを示したもの).

② 極力個条書きにして，わかりやすくする．

(2) 部長の方針管理の進め方
(1) 方針の策定(plan)
1) 部長方針の策定
[手順1] 前期の活動実績について反省し，自部門の問題点を把握する．
　① 前期目標が達成できなかった項目を把握する．
　② 実施過程(プロセス)での問題点を把握する．
　③ 目標を達成できなかった項目について，その原因(なぜ達成できなかったのか，仕事のやり方はどこが悪いのか，どのようにかえたらよいのかなど)を追求する．
[手順2] 今期に自部門でとりあげる方針のテーマ(対象項目)を選び出す．
　① 年度経営計画，上位方針，自部門の業務ならびに自己の果たすべき役割を考慮する．
　② 景気，同業他社，採算動向など環境条件に関する情報を収集・分析し，テーマの影響度を確認する．
　③ 経営諸指標と各テーマの関連を検討する．
　④ 自部門の基本業務の諸指標と各テーマの関連を検討する．
　⑤ 上位方針にそったテーマであるかどうかを検討する．
　⑥ 自部門および自己の果たすべき役割を考え，自部門独自のテーマ，他部門の協力を必要とするものを明らかにする．
　⑦ 解決の可能性，自部門の社員の能力などを考えてとりあげるテー

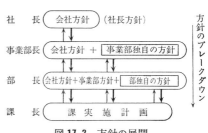

図 17.2 方針の展開

242

マを絞りこむ(重点指向で，10項目以内にする).

[手順 3] 絞りこんだテーマならびに上位方針にもとづいて，**自部門の方針を定める.**

① 上位方針を出し，期待している結果を定量化して確認する.

② 上位方針をそのまま受けつぐのではなく，自分が管理できるような形に具体化して決める.

③ 課長にも各自の意見・解決策を提案させ，それを加味した方針とする.

④ 目標値は，努力すれば達成できる水準とする.

⑤ 経営方針，社長方針などと矛盾していないかどうか検討する.

[手順 4] 実施結果を評価するための管理項目を設定する.

① 目標達成を評価する管理項目を設定する.

② 管理項目について目標値，チェックの方法，アクションをとる判断基準などを決める.

③ 目標値はかなり努力しないと達成できない水準に設定する. ただし，達成不可能な水準を設定することは意味がない.

[手順 5] 上位職，課長，関連部門と十分に「すり合わせ」を行なう.

① 上位方針，関連部門の方針業務を十分理解する.

② 自部門に展開された目標値が，実測可能かどうかを検討して，課長ならびに関連部門に確認する.

③ 目標値とその実現のための施策を対応させ，上位職・課長・関連部門とのつながりを確認する.

④ 部長の方針が上位職よりも具体的に，課長の実施計画が部長の方針よりも具体的になっているかどうか確認する.

⑤ 必要ならばとりあげた理由，現状の問題点，解析，真の原因など，詳しく明記した説明書を作成する.

17. 方 針 管 理　　243

[手順 6]　部長の実施計画書を作成する.

① 部長自身が自分で実施する事項について，必要ならば実施計画書を作成する.

② 課長以下に実施させる項目について実施計画書が作成されているかどうか，５Ｗ１Ｈが明確になっているかについてたしかめる.

③ 部下に実施させるものについて，実施結果のチェックの仕方を決め，自分の実施計画書に書きいれる.

2)　実施計画書(課長)の作成

[手順 1]　部長(上位職)方針に照らして現状を見直し，問題点を把握する.

① Q，C，D，S，Mのそれぞれについて，問題点を把握する.

② 管理の仕方に関する問題点を把握する.

③ 他部門からの要望を整理する.

[手順 2]　問題解決にあたって，他への影響を検討する.

① Qの改善がCやDやSなどに悪い影響を与えないかを検討する.

② 自部門・自工程の改善が，前後工程・他部門に悪い影響を与えないかどうか検討する.

[手順 3]　問題点を判断・評価する.

① 問題点の層別や関連を整理する.

② 各問題の重みづけをする.

③ 維持管理の問題か，改善の問題かを区別する.

[手順 4]　将来の見通しを確認する.

① 部長(上位職)の考え方やニーズ，要望を把握する.

② 全社計画，事業部計画における位置づけを確認する.

③ 外部情報，技術情報，環境条件，市場動向など分析・把握する.

[手順 5]　実施項目を設定する．

① 部長(上位職)方針をブレークダウンした実施項目を設定する．

② 部長(上位職)方針の達成にあたって，問題点を解決するための実施項目を設定する．多くの手段を比較・評価し，そのなかから最適な手段を選定する．

③ 自部門の重要問題を解決するための実施項目を設定する．

④ 実施項目の実現の可能性を検討する．

[手順 6]　実施項目を細部展開し，優先順位を検討する．

① 実施項目を実行するために，具体的な要素へ細部展開する．

② 細部展開された多くの項目の重要度を評価して，重要度の高いものから実行するための優先順位を決める．

[手順 7]　管理項目を設定する．

① 実施結果を評価する管理項目を設定する．

[手順 8]　目標値を定め，実施スケジュールを決める．

① 努力すれば達成できる水準に目標値を設定する．

② どんな順序で実施し，いつまでにやるかを明確にする．

③ 実施分担の割ふりをして最終的な実施責任者を明らかにする．

④ 目標達成度をチェックするグラフ，実施項目の実施程度をチェックするチェックリストや，進捗度をチェックするためのアローダイヤグラム，バーチャートなどを作成する．

[手順 9]　支援体制を明確にする．

① 実施項目遂行のために，どのような支援体制が必要かを検討する．

⑵　方針の実施(do)

[手順 1]　部長は課長に，課長は主任に実施計画を明示し，理解させる．

① 計画内容を説明する場を設ける．

17. 方 針 管 理　　　　245

② この実施計画がなぜ必要かの根拠・理由を明文化する.

③ QC ストーリー的に説明する. 問題点としてこういう悪さがあり, 原因はこれこれなので, この対策を立案し, 実施計画をこのようにつくった, というようにまとめる.

[手順 2]　課長は, 実施担当者に必要な支援・助成をする.

① 各担当者が, 分担事項を確実に実行できるように指導・教育・訓練を行なう.

② 実施担当者から報告させる事柄を明確にする.

[手順 3]　実施担当者は, 実施計画にもとづいて実施する.

① 自分の担当範囲は責任をもって実行する.

② 実施計画の実施状況をつねに把握しておく.

③ 実施状況は, 少なくとも月1回は上司に文書で報告して, 指示を受ける.

④ 実施計画の内容が現状と遊離したり, 陳腐化した場合は, 計画の修正を行なう.

[手順 4]　PDCA の状況を記録する.

① 実施のプロセスと結果の要点は, 記録に残しておく.

(3)　実施結果の確認と検討(check)

[手順 1]　方針ごとに目標値と実績値との差異, および実施項目に関する実施状況の把握を月次で行なう.

① チェックは少なくとも月次, 場合によっては週単位で行なう.

② 方針のそれぞれについて目標達成度, 実施の程度, 進捗度をチェックする.

③ 目標の達成度は, 管理項目ごとに実績が数値で出てくるので, 折れ線グラフにプロットし, 達成度をチェックする.

④ 実施の程度はチェックリスト, 進捗度はバーチャート, アロー

ダイヤグラムなどで把握し，チェックする．

[手順 2] 策定した方針の目標値と実績値との差異が生じた場合は，表17.2の3ケースについて検討する．

表17.2 目標未達の原因

区 分	実施計画	実施の程度 (結 果)	原因に対する考察
ケース I	○	×	実施計画はよかったが，実施程度が不十分であったため，目標を達成できない．
ケース II	×	○	計画どおり実施したにもかかわらず，実施計画が悪かったため，目標を達成できない．
ケース III	×	×	実施計画が悪く，実施程度も不十分であったため，目標を達成できない．

(注) ○印：良い，×印：悪い

[手順 3] 目標値と実績値に差異が生じた原因を追求して，真の原因を見つけ，対策をたてる．

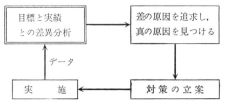

図17.3 実施結果の検討と処置

① 目標値と実績値の差異を発生させたプロセス，すなわち仕事のやり方，設備，材料，人，環境などが計画と実施したことでちがいがなかったかどうかを調べる(図17.3参照)．

② プロセスのなかから原因を見つけ，結果に対する寄与率(影響度)の高いものをつきとめて，これを除去する対策をたてる．

(4) 処置(action)

[手順 1] 月次の未達分を挽回する処置をとる．

月次チェックで，目標値や実施項目の予定に対する未達成が発生した場合は，未達分を次月以降に挽回するための処置をとり，期間

の目標値が達成できるようにする.

[手順 2]　目標と実績の差異分析を行ない，再発防止をはかる.

目標と実績の差異を生じさせた原因を追求し，除去する対策を行ない，再発防止をはかる. すなわち，原因となった仕事のやり方を改善してかえる.

[手順 3]　仕事のやり方を改善する.

今月の方針管理の進め方を反省して，次月の方策を練り，仕事のやり方を改善する.

17.4　管　理　項　目

方針管理とは，前述のように企業の経営活動において品質機能を中心とする諸機能(原価，生産量，納期，安全，人事など)に関し，企業の向かうべき方向を重点的に示し，目標を設定して，期間(長・中期，年度，期)ごとに計画，実施，検討，処置のくりかえしを行ない，目標を達成していく活動である.

したがって，方針管理には目標の達成度を評価する管理項目が必要である.

JIS Z 8101「品質管理用語」によると，**"管理項目(control point)"** という言葉を次のように説明している.

(1)　製品の品質を保持するために，管理の対象としてとりあげた項目.

たとえば，電解工程では電流密度，電圧，液温，液の組成など，切削加工工程では治工具の取付状態，切削速度，切削工具の交換時期などが管理項目となる.

(2)　TQC 活動において管理活動を合理的に行なうため，管理の対象としてとりあげた項目.

たとえば，職位別に決めた管理項目.

ここでは，次のように定義しておこう.

"管理項目"とは,

「自部門に与えられた業務機能を進めていくにさいして, その業務が目的・ねらいどおりに進み, 目標を達成しているか否かを判断し, 必要な処置(アクション)をとるための尺度で, ふつう特性値で示される.」

方針管理で大切なことは, 結果を生み出すプロセスをレベルアップして良い結果を生み出そうということである. このためには, 期ごとに方針に対応する管理項目を設定して, 目標と実績の差を分析し, もし未達ならばその原因, つまり結果を生み出すプロセス(仕事のしくみ, やり方, 進め方)のなかに悪さを発見し, 改善を加えなければならない. よって, 計画されたしくみにしたがって仕事が行なわれた結果の良し悪しを評価する尺度, つまり「管理項目」が必要である.

この管理項目の設定がまずいと, 目標の達成度が良かったといっても, 経営の改善には役立たないし, 利益や品質のレベルも向上できない結果となってしまう. また, 方針の達成度もチェックできない.

TQC活動において方針管理に着手すると, 管理項目をどのように設定したらよいかについてずいぶん迷い, 悩むものである. 表17.3に, 管理項目の例をあげておくので参考にされたい.

17.5 方針管理推進上の留意点

方針管理推進のポイントは, 次の3点にある.

▼ 方針管理推進のポイント ▼

[ポイント 1] 業績向上課題を効率的に達成するため, 業績および体質改善課題を設定し, その改善を行なう.

[ポイント 2] 期初に部門別, 方針ごとの管理項目とその目標を設定し, 管

理する.

[**ポイント 3**]　期末反省を行ない，期のプロセス面の成果の収集と活用をはかる.

　方針を合理的に策定し，それによる管理の徹底をはかり，制度の形骸化を防止するための注意事項30カ条を列挙しておく.

♥ 方針管理の注意事項30カ条 ♥

(1)　全　般

(1)　方針管理は，トップがリーダーシップをもって進めること.

(2)　「己は何をなすべきか」を全社員に認識させよ.

(3)　各人の責任と権限，役割分担を明確にしておけ.

(4)　問題は，PDCA の回転数だ．1回だけで「回した」というな.

(5)　方針管理とは，仕事のしくみをかえることである.

(6)　日常管理が維持されていないと，方針管理は成功しない.

(7)　全社員のヤル気とスル気がなければ，目標は達成できない.

(8)　トップ診断を実施し，指摘事項を十分にフォローせよ.

(9)　チェックに耐えられる体質がなければ，方針管理に手をつけるな.

(10)　方針管理のしくみを改善し，充実をはかれ.

(2)　方針の策定

(11)　頑張れ，頑張れの大和魂だけでは，目標は達成できない．方策が大事だ.

(12)　数でない，重点指向せよ.

(13)　実施計画がないと「do」抜けになるぞ.

(14)　方策の立案にあたっては，戦略・戦術を練れ.

(15)　方策には，創意・アイデアが加味されなければ意味がない.

(16)　方策は観念的なお題目にするな．「○○により△△を××する」の形を

表17.3 管理項目の例

分野 ねらい	事業部全体	製品企画	製品設計・技術	製造	原価・生産・外注管理	販売・営業	市場サービス
総合 (T)	●経営利益額 ●利益率 ●市場占有率 ●損益分岐点比率 ●TQCレベル評点 ●価格値下率	●新製品企画完了件数 ●提案件数 ●新製品企画件数 ●構想化件数	●新製品企画完了件数 ●新製品設計完了件数 ●新製品設計件数 ●新製品販売完了件数 ●包装設計完了件数	●不良品率 ●工程能力確保率	●製品別利益率 ●ペイリ利り ●納入時不合格率	●製品別市場占有率 ●製品群別市場占有率 ●目標達成率 ●目標外注受注率 ●輸出高	●サービス拠点数
品質 (Q)	●重要問題発生件数 ●重要責任クレーム件数 ●新製品製造出件数	●企画責任クレーム件数 ●先行技術開発件数 ●先端技術調査件数 ●親製品販売比較分析件数寄与率	●設計責任クレーム件数 ●新製品開発件数 ●新技術開発評価件数 ●模型設計件数 ●設計規格・検定取得件数 ●部品変更要求率	●製造責任クレーム件数 ●出荷検査不合格件数 ●検定不合格率 ●工程不良率 ●工程改良・改善件数 ●設備故障・改善件数 ●無検査率 ●出荷品故障停止時間	●外注先責任クレーム件数 ●仕入先責任クレーム件数 ●製品受入不合格率 ●部品納入不合格率 ●無検査率	●営業責任クレーム件数	●施工・使用クレーム件数 ●クレーム出張処理件数 ●修理件数 ●修理金額 ●評価会開催件数 ●評価会受講者数 ●サービス指定設置数 ●不良返品金額
コスト (C)	●合理化金額 ●原価変動費(率) ●1人当り付加価値 ●総費用固定費率 ●予算遵守率	●コストダウン調査件数 ●開発効率	●設計合理化金額 ●包装設計合理化金額 ●試作費件数 ●原価目標達成件数 ●設計変更件数 ●部品標準化率	●製造合理化金額 ●自動化率 ●付加価値高 ●不良損失率 ●付加価値原価率 ●1人当り生産高 ●生産性向上率 ●仕損費原価低減率 ●組立作業工数 ●製造原価率 ●社内不良件数	●仕入合理化金額 ●VE合理化金額 ●変動費固定質 ●総費用変動費率 ●管理化金額	●販売政策費 ●値引利率 ●外出時間率 ●面接時間率 ●製品マン1人当り固定費	●クレーム損失金額 ●費用出張旅費 ●サービス代替品金額 ●サービス返品金額 ●不良返品金額
納期・数量 (D)	●生産高 ●販売高 ●新製品販売高 ●生産性伸び率	●ユーザー使用実態調査件数 ●市場規模件数調査 ●市場規模要動向調査 ●その他企画要動向調査 ●新製品販売高 ●新企画期間 ●新製品販売高	●新製品販売所件数 ●設計所要日数 ●設計試作件数 ●基準完了要日数 ●基試図工期間 ●作図完了件数 ●金型期間	●生産高 ●時間当り生産高 ●在庫量 ●滞留在庫量 ●内作率 ●外注率 ●在庫品生産完了比 ●新製品生産完了率 ●生産計画達成率	●外注生産高 ●外注納期確定日数 ●滞留品金額 ●納期正確率 ●輸送完了率 ●仕入完了率 ●仕入先品入遅延率 ●納期遅延率 ●納期調達時間	●即納率 ●新製品販売高 ●既存品品販売高 ●新市場開拓率 ●新規顧客訪問率 ●計画引合件数 ●新規引合件数 ●引合追加件数 ●販売計画達成率	●修理金額 ●補修部品在庫高 ●補修品開発件数 ●販売拠点開発件数 ●OEM開発件数
安全 (S)	●休業率 ●強度率	●休業災害発生件数 ●公害規則違反率					
士気 (M)	●提案件数 ●データ完了件数 ●提案完了件数 ●点/1人当り改善提案金額	●資格取得件数 ●QCサークル活動評価 ●点/1人当り改善提案件数	●技術ノート発行件数 ●QCサークル完了件数 ●パターン活用件数	●標準類制定件数 ●標準類改訂件数 ●改善活動効果金額			

17. 方針管理

とれ.

⒄　方策の策定にあたっては, 徹底的な対話をくりかえせ.

⒅　キャッチボールは, 上下のみならず左右(関連部課)ともやれ.

⒆　方針は, 下位にいくほど具体化せよ.

⒇　方針・目標を与えても, 具体的手段はそれぞれの担当者に考えさせよ.

㉑　管理項目・目標値・期限は, 明確にせよ.

㉒　方針の達成度を評価するための良い管理項目を設定せよ.

㉓　達成度が数値で評価できないものは, 管理項目ではない.

(3) 方針の実施

㉔　下位になるほど実行することに専念せよ.

㉕　行動しないで「達成できなかった」というべからず.

(4) 方針のチェックとアクション

㉖　plan よりも check(前年度の問題点の反省, 解析)から出発せよ.

㉗　方針のチェックは, 結果よりもプロセスに重点をおけ.

㉘　プロセスの良さ・悪さを評価し, アクションをとれ.

㉙　月次フォローを怠るな. PDCA は最低月に1度は回せ.

㉚　それぞれが, それぞれの立場で総力を結集して, 問題解決の行動を起こ
せ.

17.6　リコーにおける方針管理

方針管理の事例として,「リコーにおける方針管理」2-1)(リコー経営管理本部
副本部長　平川達男氏による)を紹介する.

(1) はじめに

方針管理は, 企業活動を推進するうえでもっとも重要なしくみの1つであ

り，またトップや管理層が担当する任務のうち最大のものである．

企業をとりまく環境が一段と複雑化し，きびしさを増した今日，方針管理の良し悪しは企業の業績に大きな影響をおよぼし，中・長期的にはその存続も左右しかねないものである．方針管理は，リスキーな巨大プロジェクトを成功に導き，熾烈な競争下で勝ち残るための最大のテーマといっても過言ではない．

高度成長期に構築されたしくみは，当然のことながら大きな改善なくしては低成長時代の今日，十分にその機能を発揮しえないものとなってしまう．当社においても，方針管理のあり方は改善を重ねて，現在の姿にいたっている．

TQC 導入期(昭和 46 年以前)の方針ならびにその管理は，「方針は一部のスタッフにより立案され，一方的に通達される」，「具体性に欠け，下位職の行動に結びつかない」，また「実施状況はチェックされず，次期方針にも反映されない」など，質的にもまた展開面でもはなはだ不備なものであった．

このような状態にもかかわらず，その悪さに気づき改善に着手したのは，TQC 導入後かなり時間が経過し，全社的に相当 QC レベルが向上してからのことであった．昭和50年のデミング賞受賞を契機に，当社の方針管理は大幅な改善がつづけられ，ようやく日常活動に密着し，しかも激動の時代にも対応しうるものになってきた．この間に実施された改善のポイントを列挙すると，①方針策定方法の改善，②管理運営方法の改善，③方針管理のための土壌整備，④方針体系の見直し改善などである．

もちろん，いまだ満足すべき状態ではなく，新たな不具合に対し手を打っているのが実情である．

⑵　方針管理のしくみ

1)　概　要

当社では，方針を「基本的方針」と「期間的方針」の 2 つに分けている．

　①　基本的方針——会社の経営方針として，事業に対する考え方，環境変化などに対する経営の基本的姿勢をあらわす．

② 期間的方針——一定期間内における事業活動の方針・計画をあらわしたもので，長期ビジョンから課長実施項目までふくまれる．

なお，基本的方針には経営方針のほかに経営基本規定があり，行動の基準を定め，各機能を遂行するための基本的方針および担当者の心得を定めている．

方針管理のしくみの概要を，図17.4に示す．

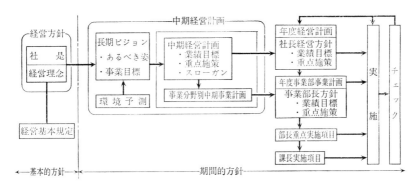

図 17.4　方針展開の概要

2) 中期経営計画の策定

中期経営計画は，期間的方針として長期ビジョンを中心に，全社中期経営計画と事業分野別中期事業計画の2つでなりたっている．

① 長期ビジョン——10年後(長期)の会社のあるべき姿と事業目標を示し，中期経営計画の指針となる．

② 中期経営計画——長期ビジョンを達成するために，この3年間にやるべき会社運営について策定する計画である．毎年，環境変化に対応して見直しを行ない，ローリングをしている．

③ 事業計画——本部・事業部が経営方針を受け，自部門の事業運営について策定する計画である．

④ 中期経営計画策定の手順——長期ビジョンにもとづき，中期経営計画方針が社長・トップで決定されると，各本部・事業部では分野別中期事

業計画が立案される．この案は，トップの経営審査会で診断・指導を受けて承認されて，中期経営計画は策定される．

なお，長期ビジョンと中期経営計画方針は，グループ関連会社をふくめた課長以上の管理職が出席する経営戦略発表会において社長から表明され，さらに詳細を記した小冊子が全員に配布され，徹底を期している．

3) 年度方針展開

年度方針展開の概要を図17.5に，実施計画表を図17.6に示す．

① 社長方針と事業部長方針の策定ステップ——前期の残された問題と新たに発生した問題，情勢の変化などを踏まえて，年度社長方針が設定される．この内容は，毎年1回開催される経営戦略発表会で社長から発表される．したがって，事業部方針はこれを受けて立案される．

事業部長方針は，業績目標，重点施策，体質改善計画などが中心にま

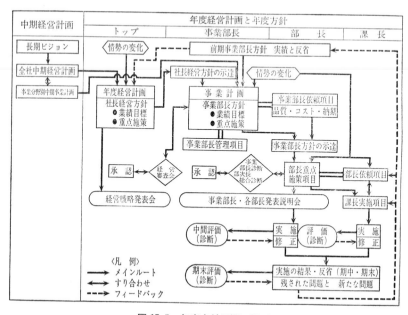

図 17.5 年度方針展開の概要

17. 方針管理

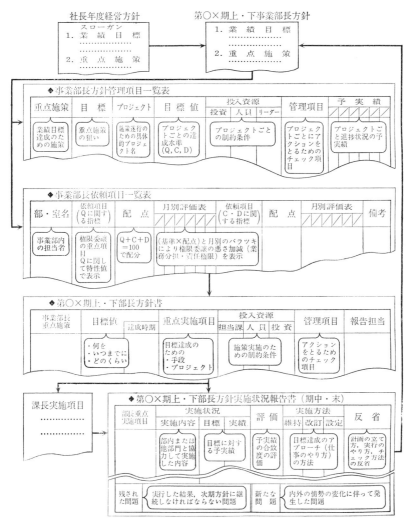

図 17.6 年度方針展開と実施計画表

とめられ、トップグループによる経営審査会において、目標の妥当性や具体的な進め方などについて十分なすり合わせを行なったあと決定される。このとき、全社に共通した重要問題が摘出・整理されてテーマが設

定される．各テーマは各トップに分担され，対策案はトップに答申され
て実施されている．また，事業部長の重点施策がたんなるスローガンに
終わらないように，事業部長がチェックする管理項目を設定している．
管理項目は，管理項目と依頼項目からなっている．

管理項目は，投入資源を明確にしたプロジェクトとその管理方法を
Q，C，Dの特性値で表示し，自分自身の仕事がうまくいっているかど
うかを判断し，アクションをとるべきかどうかを決めるものである．

依頼項目は，各部長への権限委譲を推進するための項目をQ，C，D
の特性値で表示したものであり，依頼した施策がうまくいっているかど
うかを判断し，アクションをとるべきかどうかを決めるものである．

② 部長方針——部長は，示達された事業部長方針を受け，前期の残され
た問題と新たな問題を反映させた方針を，課長とすり合わせて部長方針
を立案し，事業部長診断で決定される．

この診断では，上位方針の受け方，関連部門との連携活動，部門間の
接点問題の解決など，事業部長と各部長間で十分なすり合わせを行な
い，問題の共有化とコンセンサスをえている．

③ 課長方針——課長は部長方針を受け，係長と十分すり合わせのうえ課
長方針を立案し，部長の承認をうる．

④ 方針発表会——末端まで方針の徹底をはかるために方針発表会を開催
し，重点施策を明らかにするとともに，その具体的計画および進め方に
ついて説明をする．発表会は，「事業部長方針発表会」と「部長方針発
表会」があり，年2回開催する．

4) 方針達成状況の評価

評価の考え方は，方針が組織活動によって目標どおり達成しているかどうか
を調査・チェックし，アクションに結びつける．さらに，診断や上下・左右の
すり合わせをとおして管理者の能力向上をはかっていく．

17. 方 針 管 理　　　257

(1) 評価の対象

① 目標に対する実績差.

② 目標達成のプロセス(仕事のやり方).

(2) 評価の目的

① 方針・目標を確実に達成させること.

② 環境の変化に即応して，計画と実施を修正させること.

③ 改善の方向づけと指導をすること.

(3) 評価の方法

① 実施状況報告書を作成し，提出する.

② 報告書にもとづき，上位職が診断を行なう.

診断をまとめてみると，表17.4のような診断会が実施されている.

表17.4　診　断　会

名　　　称	対　　　象	診断メンバー	頻　　度
① 経営審査会	各本部・事業所	社長・トップ	2回/年
② 事業部長診断	各部	事業部長	〃
③ 部長診断	各課	部長	〃

(3) 方針管理を支える6つの要素

　当社の方針管理が一応のレベルに到達し，経営管理諸制度のなかで評価されるにいたったのは，第1に前述の方針管理のしくみを構築しえたからであるが，それだけでは期待どおりの機能を果たせない. その陰には，これを支えるいろいろな要素があって，はじめて所期の効果をあげることができる.

　当社の方針管理を支える要素のうち，大きく寄与しているものをあげると次のとおりである.

1) 方針の質を支える「事実にもとづいて」,「相手の立場にたて」と「お役
　　立ち」の思想

方針は机上の空論であってはならない. いかに高度の手法をもちい，いかに

多くの資料を駆使しても，事実にもとづかないものは百害あって一利なしである．具体性のある有効な方針は「事実」，「現場」をベースにして生まれる．

また，方針の多くは下位職の参加をえて実現を目論むものである．望ましい方針は，対話を通じ参加者に十分納得され，参加者への「お役立ち」があるものでなければならない．

2) 方針管理を支える「事業計画制度」と「審査会・診断制度」

当社の方針管理は，「事業計画制度」とドッキングして展開されている．従来，方針は方針管理体系，事業管理は予算制度として独立に展開されていた．そのために，方針は抽象的・形式的なものとなりがちで，事業運営とは別のものとなっていた．

この不具合を改善するため，両制度を運営上一体化した．その結果，日常活動に密着し，業績へのつながりも明確になり，両制度とも従来に比して効果的な運営が可能となった．加えて，事業計画制度のなかにある「審査会・診断」を方針管理にも適用することにより，各階層間での方針のすり合わせ，実施状況のチェック，さらにはアクションの促進がきわめてスムーズに実施でき，管理のサイクルが回り，良い結果を生み出している．

3) 方針実現を支える「分権」と「専任スタッフ」

当社の組織は，現在分権を思想として展開されている．20近い事業部・本部があり，事業部長・本部長は，トップから委任された権限をベースに大胆に事業運営を行なっている．さらに，各部門には「事業部長室・本部長室」が設置され，数名の専任スタッフをおき，方針管理の推進，事業計画管理を任務として活動している．この「分権」と「専任スタッフ」が，事業に密着した方針の策定，さらには日常の管理につながり，問題の解決の促進，事業部目標完遂に大きな「力」となっている．

4) 方針展開を支える「QC レベル」と「体系化された教育」

QC のレベルアップにより，社内に共通の言葉・思想が醸成された．方針管

17. 方 針 管 理 259

理制度実施のための土壌としては，このうえもないもので，当然のことながら
方針管理制度の実施がきわめてスムーズに受け入れられた．

さらに，「教育はリコーの最大のテーマ」で実施されている教育が，方針展
開の土壌づくりに大きく寄与している．

5) 方針実現への促進剤としての「計画的な能力開発制度」

当社では，人材育成のための制度として，自己申告と対話をベースとした
「計画的な能力開発制度」を導入・実施している．

各人が職務に応じ，上位方針を受け，自らの目標を設定し，上司とのすり合
わせを行ない，目標達成にチャレンジするしくみである．もともと人事関係の
制度ではあるが，方針実現への支援制度として大きく貢献している．

6) 方針管理への全員参加としての「QC サークル活動」

現在，当社には 550 のサークルが活動している．小集団活動は，本来自主テ
ーマにより活動するものであるが，当社の場合当該事業部の方針に関連したテ
ーマがとりあげられるケースが多く，方針管理への全員参加，同時に活性化に
寄与している．

以上のとおり，方針管理はいかに制度を整備し，運営をきびしくしても，単
独では所期の効果をあげることは容易ではない．むしろ，関連諸制度との補完
ないし補助的な施策を考慮すべきである．

⑷ 方針管理推進上の留意点

さらに，当社が方針管理を実施・推進するにあたり，留意している点をまと
めて列挙してみると，次のとおりである．

1) 方針は，行動の指針・基準になるように具体的に明示する．

2) 中期経営計画との関連や，残された問題点と新たな問題点の解析と重要
度づけから，次期方針への反映をはかる．とくに，方針管理は反省が根幹
となる．策定にどう問題があったか，また展開にどう問題があったかな
ど，徹底的に反省した現状把握が必要である．

260

3) 方針は上位職から下位職へのブレークダウンであるが，重要なことは上下のすり合わせだけではなく，左右のすり合わせも徹底的に行ない，方針管理に対する責任感・意識を高める.

4) 方針がスローガン倒れにならないように，5W1Hを明確にした具体的計画を作成する.

5) あらかじめ評価方法を決めて，さらに高い目標に挑戦できるように配慮する.

6) 各職位ごとの方針は，発表会などでデータにもとづいて説明し，末端まで浸透をはかる.

などに十分留意して，形式的になりがちな方針管理を実質的な中身のあるものにすることが大切である.

⑸ おわりに

方針管理を実施した効果は，有形無形さまざまであるが，整理してみると大要次のとおりである.

① 組織活動のレベルが向上してきた.

② 管理のサイクルを回すことにより，さらに高い目標に挑戦できる環境ができた.

③ すり合わせ，診断などを通じて，問題の共有化，コンセンサスがえられ，啓発の場づくりができた.

④ 方針の展開が計画的な人材育成に結びついてきた.

⑤ 具体的なプロジェクト管理により，方針管理が体質改善に寄与した.

しかし当社の方針管理は，情勢の変化による計画・実施の修正とフォロー，管理指標の変動による対応策の先どりという面でまだ十分といえない.「事前の一策は事後の百策に優る」のように，将来の方向づけを誤らせないために，経営活動を円滑にする方針管理をより密度の高いものにし，さらに意義あるものにするために改善を積み重ねていくことが大切であると痛感している.

18. 機能別管理

——組織にヨコ糸を通し，部門ごとのセクショナリズムを破ること．

18.1 部門別管理とは

(1) 部門別管理とは

経営者の任務の第1は，「利益をあげる」ということにある．利益が出ないと，社員に給与も払えないし，社会に還元し，貢献することもできない．

利益をあげるために，何をしなければならないかというと，まず第1に長期にわたっての利益計画をベースにして戦略，ポリシーをふくめたビジョンと事業計画をつくることである．第2には，これを効率的に達成していくためのマネジメントをどのようにするかである．

TQC のサブシステムには，第1の問題に対する解として「長・中期事業計画」と「方針管理」が，第2の問題に対しては「部門別管理」と「機能別管理」がある．

企業が経営を行なうために必要な組織として，総務，経理，人事，研究，開発，設計，生産技術，製造，検査，販売，営業などの部門が設けられ，部門別管理としての企業活動が行なわれている．

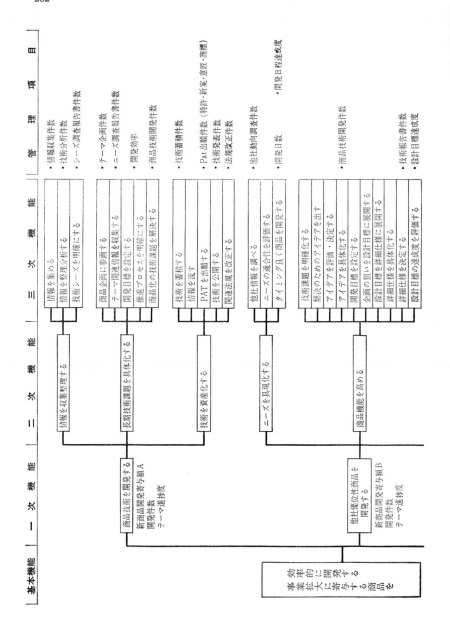

18. 機能別管理

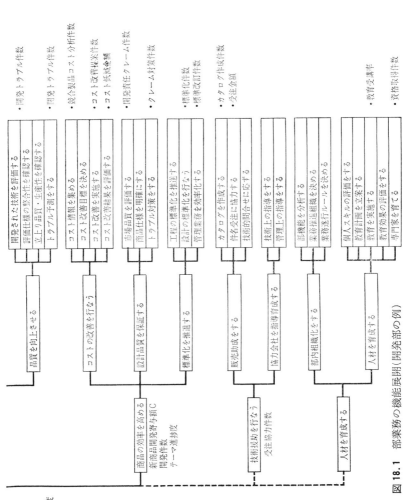

図18.1 部業務の機能展開(開発部の例)

264

"**部門別管理**" とは,

> 「部の役割・職能を果たすために,仕事のしくみにしたがって業務を遂行し,結果を目標と対比させて評価し,必要に応じて処置をとる,いわゆる管理のサイクル PDCA を回すことによって仕事のしくみを改善し,レベルアップしていくこと.」

をいう.

(2) 部門別管理の進め方

各部門には,それぞれの業務の役割とそれに対する職能(機能)がある.これは,ふつう部課の業務分掌規定で示されているが,内容的に十分でない場合が多い.部に課せられた役割・機能を明確にするためには,機能展開をやってみることをすすめる.

この手法は,まず部業務の基本機能を明らかにしたうえで,さらに2次,3次へと業務の機能を細分化し,トリー(樹)の形式で表現する方法である.いわゆる,系統図をもちいるのである.

そして,このようにして展開された末端機能に対応して,仕事のできばえ,達成度を評価する管理項目を設定する.QC の基本は,結果の良し悪しをチェックすることによって,これを生み出すプロセスの良否を把握し,プロセスにアクションを打つことである.したがって,機能と管理項目を対応させ,重要なものを管理項目一覧表として整理しておくことである.

図 18.1 に,M電機 S 事業部における開発部の機能展開の例を示す.

部門別管理で実施すべき管理としては,「日常管理」と「方針管理」(図 18.2 参照)がある.

日常管理は,部門の分掌業務について業務の目的を効率的に達成するための活動であり,部門別管理のもっとも基本的な活動である.一方,方針管理は17章でのべたように,経営方針(社長方針)を重点的に達成するための活動である.

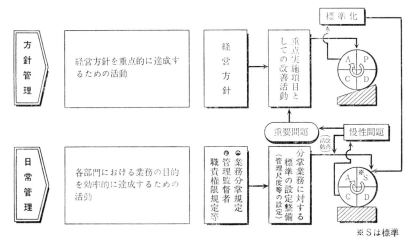

図 18.2　部門別管理における方針管理と日常管理

18.2 機能別管理とは

機能別管理という言葉は，部門別管理という言葉に対比して使われている．

わが国の企業組織では，タテ組織が強い．たとえば，営業部門については本社，事業本部，事業部，営業所といったタテに太いパイプが通っているが，ヨコたとえば企画開発部門，製造部門，営業部門といった部門間にはセクショナリズムの傾向が強い．

機能別管理は，組織にヨコ糸を通そうというものである．対象が多くの部門におよんでいる重要問題の解決や，全社的に解決しなければならない体質改善課題などは，部門別管理では目標を達成できないことが多い．この点を解決するために，機能別管理がある．

"機能別管理" とは，

「品質保証，原価管理，生産量管理といった機能別に全社的な目標を定めて，各部門の業務をヨコに通して，その機能についての意志統一をはか

り，連携をよくして目的を遂行していく全社的な活動である.」

機能項目の設定には，企業の業種・形態・規模・経営方針などによって差はあるが，ふつうQ，C，Dすなわち品質保証，原価(利益)管理，生産量管理がとりあげられている．

このほかには，受注(販売)管理，新製品開発管理，工期(納期)管理，外注管理，安全管理，人事管理などがある．

機能別管理と部門別管理の関係を示すと，図18.3のようになる．

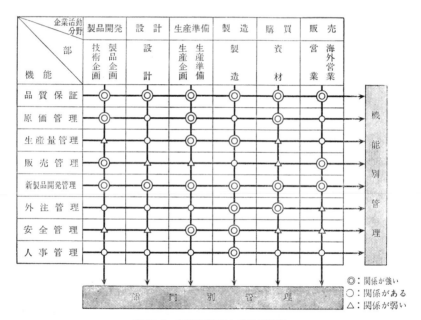

図 **18.3** 部門別管理と機能別管理

機能別管理の結果，次のような効果をあげることができる．

▼ 機能別管理の効果 ▼

(1) 全社的にQ，C，D，S，Mの機能レベルが向上する．

18. 機能別管理　267

(2)　全社方針の目標達成が容易になり，企業体質が強くなる．

(3)　部門間の縄張りがなくなり，連係動作がよくなる．

(4)　役員・管理者の視野が広くなり，全社的立場でものが考えられるように
なる．

(5)　下部組織からの提案が出やすくなり，ボトムアップがはかれる．

18.3　機能別管理の進め方

機能別管理は，1つの部門に課せられる機能ではなく，企業全体によって達成されるもので，多くの部門でお互いに協力し，連携をとり，機能をそれぞれ分担して，総合的・全社的管理が行なわれることである．

機能別管理を効果的に運営していくための手順を，次に示しておこう．

▼ 機能別管理の進め方 ▼

[手順 1]　必要とする機能を明確にする．

企業の目的を達成するために，自社においてどのような機能が必要とされるかを検討し，機能アップ・充実を要求されている機能を明らかにする．

機能の数を多くしすぎても，機能同士が干渉しあってうまくいかない．また，少なすぎると1つの機能に対して多数部門が関係してきて複雑になってしまう．ステップ バイ ステップで進めることとし，初めは2つか3つの主要機能(たとえば，品質保証，原価管理など)にしぼるのがよい．

[手順 2]　運営のための組織を構成する．

機能別管理の運営のための組織として，機能委員会(たとえば，品質保証機能委員会)または機能会議を設置する．

委員会の構成員は，役員のなかから関連機能にかかわる役員を選ぶ(やむをえないときは部長を入れてもよい)．委員長は，通常その機能にもっ

とも関係の深い部門を統括する上部役員(たとえば, 専務, 常務など)があたる.

その機能にもっとも関係の深い部門に事務局を設け, ここでは機能別目標達成上の問題点を集約・分析し, 機能委員会に上程する.

委員会は, 実質的決定機関であることが望ましいので, 経営組織のなかでは最高決定機関(たとえば, 経営会議)の次ぐらいに位置づける.

[手順 3] 運営する.

定期的に月1回は委員会を開催し, 必要に応じて拡大機能会議をもつ.

全社的, 部門間にまたがる重要問題点について解決策の審議を行ない, 各部門への実施事項として部門長へ指示する.

一般に, 次のような事項について検討する.

① 全社目標の設定(たとえば, 全社的に10%のコストダウン).

② 目標達成のための方策の策定, 部門間の調整.

③ 新製品, 設備, 生産, 販売などに関する計画.

④ ボトムアップされた重要案件の討議.

⑤ 各種施策の実施上の障害の排除.

⑥ 実施結果のチェックとアクション.

⑦ 全社方針の達成のチェックと次年度方針の立案.

⑧ その他, 機能遂行のため必要な事項.

機能別管理の実施は, あくまでも部門にある. したがって, 部門担当役員は機能委員会から担当部門に指示された事項について, 迅速・的確な処理をはかるため, 指導, 提案, 上申, 報告, 承認などを行なう.

1つの部門で解決困難な場合は, プロジェクト・チームを編成する.

機能別管理を効果的に実施するためには, 次の点に留意する必要がある.

18. 機 能 別 管 理

✦ 機能別管理を効果的に運営する10ポイント ✦

[ポイント 1]　機能委員会に権威と権限を与えること.

[ポイント 2]　機能別管理といえども，各部門が強力であること.

[ポイント 3]　機能別担当役員は全社的視野で判断し，行動すること.

[ポイント 4]　従来の企業のやり方を改革すること.

[ポイント 5]　機能に対して，各部門の果たすべき役割を明確にしておくこと.

[ポイント 6]　機能の管理システムにメスをいれ，改善していくこと.

[ポイント 7]　社内外の情報が日常的に収集され，解析され，伝達するしくみができていること.

[ポイント 8]　部門担当役員は，部門の利益代表にならないこと.

[ポイント 9]　機能を多くしすぎると，機能同士が干渉してしまうので，主機能を明確にすること.

[ポイント10]　機能別目標・方針を設定し，全社的展開をはかること.

18.4　小松製作所における機能別管理

機能別管理の事例として，「小松製作所における機能別管理」[12]（小松製作所品質保証部長　下山田薫氏による）を紹介する.

(1)　はじめに

会社の規模が大きくなると，ややもすると部門間の連係が不十分となり，それぞれの部門で一生懸命に努力していることが効率よく成果に結びつかないということが，往々にして見られる．そのため，当社では「部門間にまたがる諸問題を有機的な管理・運営によって改善する」ことを目的とした，機能別管理を実施している.

その機能別管理を効率的に実施するため，機能別委員会を設定し，「システム作り」を活動の中心としている．

ここでは品質保証機能に関する活動を事例として，当社の機能別管理のやり方を紹介する．

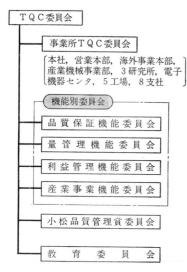

図 18.4 機能別委員会の推進体制

(2) 機能別委員会の推進体制

当社の機能別委員会の推進体制は，図 18.4 のとおりである．まず，全社を統括する TQC 委員会があり，オール小松の品質管理の推進を企画・調整・審議している．機能別委員会は，その TQC 委員会(委員長は社長，委員は常務会メンバー)の下部機構として位置づけられており，当社の TQC 活動を推進するうえでの重要な役割が課せられている．

当社では，会社経営上とくに重要である4つの機能，すなわち「品質保証機能」，「量管理機能」，「利益管理機能」，「産機事業機能」をとりあげて活動を進めている．

(3) 品質保証の概念

1) 品質保証の基本的な考え方

当社の品質保証の基本的な考え方は，「商品企画，開発，生産から販売・サービスにいたる全活動を通じて，関係会

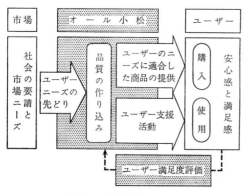

図 18.5 品質保証の概念

18. 機 能 別 管 理

社，協力企業，ディストリビュータなどオール小松の協力のもとに，ユーザーのニーズに適合した商品の提供およびその商品が十分な機能を発揮するための支援活動を効果的に行なうことにより，ユーザーの満足をうること」であり，その概念を図18.5に示す．

2) 品質保証の定義

前項にのべたような基本的な考え方で品質保証活動を展開していくうえで，全社員の品質保証に対する認識レベルを共通にするため，品質保証の定義を次のように設定した．

　"品質保証"とは──お客様が安心して買うことができ，それを満足して
　使用することのできる商品を提供するための体系的活動．

(4) 品質保証機能委員会の概要

1) 品質保証機能委員会のあゆみ

品質保証機能委員会は，当初「QA連絡会」としてはじめられたものが，昭和55年に「品質保証機能委員会」へと発展的にかわってきた．QA連絡会当時は，品質保証管掌役員が中心となり，関係部門の部長がメンバーになっていた．昭和55年以降は品質保証管掌役員が委員長になり，関係役員が委員というように役員だけのメンバー構成に変更(表18.1参照)し，品質保証の長期計画の立案・審議と，その具現化の推進を実施している．

表18.1　品質保証機能委員会のあゆみ

年　代	S 53	54	55	56	57	58
委員会の　変　遷		QA連絡会 (53/12〜55/7)		品質保証機能委員会		
メンバー		●品質保証管掌役員 ●関係部長（5〜8名）		●委員長：品質保証管掌役員 ●委　員：関係役員（5名）		
事務局		品質保証部		品質保証部		

2) 品質保証機能委員会のしくみ

この委員会は，社長から任命された委員長と委員 5 名の役員で構成されているが，委員のなかにはフリーな立場にある役員 1～2 名が必ず任命されることになっている．

委員会で審議されるテーマは，ここへ出す前にその下部機構である機能センタ連絡会で十分な討議がなされる．機能センタ連絡会は，開発，生産，国内・海外の両営業部門，工場，関係会社の品質保証関連部長で構成されている．

たとえば，国内の営業部門ではサービス部がサブセンタとなっているが，これは国内営業部門すべてのとりまとめ役である．一方，国内営業部門の仕事のなかにも開発における品質保証に関する仕事があるので，国内営業部門をはじめその他工場や関係会社そして研究所をふくめて横断的に技術管理部（技術部門を代表するサブセンタ）に見てもらうことになる．また，生産部門では本社の生産技術部がサブセンタとなっており，各工場・関係会社の生産に関する品質保証に関連した事項についてのとりまとめをやっている．このように，連絡会のやりとりのなかで横断的に作業が組めるようにやっている．

こうして練りあげられた審議テーマは委員会の場に出され，さらに必要に応じて TQC 委員会へと報告される．また，活動テーマの難易度によっては関係部門によるワーキングチームを結成し，委員会への報告・提言を行なっている．委員会，機能センタ連絡会，ワーキングチームの関係は，図 18.6 に示したとおり

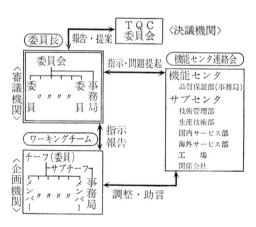

図 18.6　品質保証機能委員会のしくみ

18. 機能別管理 273

である.

⑸ 品質保証機能委員会の運営

1) 品質保証機能委員会の任務

当社では，品質保証機能委員会の任務を次のように規則に定めて，全社に対して委員会や機能センタ連絡会活動の主旨の徹底をはかっている.

① 委員会は，商品企画から販売・サービスにいたる品質保証のしくみを改善し，品質保証のレベルアップをはかることを目的とする.

② 委員会は，その目的を達成するため，次の事項について審議し，TQC委員会に上申する.

ⓐ 全社品質保証に関する計画

ⓑ 品質保証に関する

- しくみの改善計画・改善内容
- しくみの改善項目およびとりまとめの担当部門

の決定.

この「しくみを改善する」というところがポイントで，個別の品質の話，たとえばたいへん大きなクレームが出たときの処理をどうするか，というようなことはやっていない.

2) 機能委員会活動の運営

実際の運営のやり方について，図18.7の「しくみ改善のための運営方法」で説明する.

まず最初に，問題提起がある．いろいろな管理点から異常値が出てくると，会社の品質保証システムのどこかに欠陥があるから問題が出てくるのだという考えのもとに，どういうしくみの欠陥から出るのかという問題提起がサブセンタなどから出てくる．品質保証部(機能委員会と機能センタ連絡会の事務局)はそれを登録し，まとめて機能センタ連絡会に提案する．ここで，そのテーマをとりあげるか否かを議論し，とりあげることが決まると委員会に提案する.

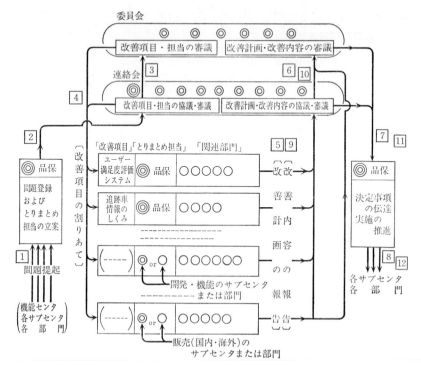

図 18.7 しくみ改善のための運営方法

　たとえば，ユーザー満足度評価システムを全社的につくる必要があるとか，追跡車情報のしくみをもっと充実させなければならないとか，部品の問題など，その他いろいろな問題が出てくる．これらは，それぞれサブセンタに割りつけ，そこでかなりの作業をしている．問題点の改善計画は連絡会に出され，そこでこういう計画で良いのかということを具体的に討議する．つまり，計画段階で相当詳細に審議し，それをまた委員会に出して役員レベルでの評価・修正が加えられる．最終的にその計画が承認されれば，品質保証部は決定事項と

18. 機能別管理

してライン部門にそれを伝達し,実際の推進をはかっている.

一般に,タテの組織がしっかりしていないと機能別の仕事はなかなかうまくいかないといわれているが,当社でも実際にやってみてつくづく感じたのは,こういうテーマを割つけても実際の作業は横断的に進めていくので,相当タテが強くないとできないということである.

さて,先のあゆみのところで,委員会活動は長期計画をベースに実施しているということをのべたが,品質保証の長期計画はどのようにしてつくっているのかを紹介したい.これは,当社でもどのようにしたらいいものかわからなくて,ずいぶん悩んだところである.ここで紹介することはベストだと思っているわけではないが,ベターだと思ってやっている.

当社では昭和54年からユーザー満足度の調査を開始した.図18.8は,Ⓜ,Ⓢ,Ⓟ(製品品質,サービス,パーツを意味する)に関するユーザー満足度の調査結果を製品の品質特性で機能展開し,品質保証長期目標の指標設定に活用し

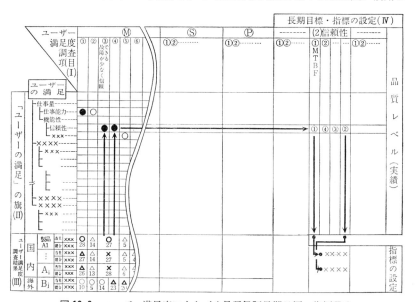

図18.8 ユーザー満足度にもとづく品質保証長期目標の指標設定

ている例である.

この図は、ヨコ軸方向にユーザー満足度の調査項目(Ⅰ)をとり、タテ軸方向にはユーザーの満足度の旗(Ⅱ)とユーザー満足度の調査結果(Ⅲ)をとり、整理したものである.

ユーザー満足度の調査結果は、○印(競合機より優れている)、△印(同等)、×印(劣る)で表示している.

また、お客様はそれぞれの項目に対してどのくらいのウエートをかけているかということを、ユーザー満足度調査のときに同時に調べている. それによれば、お客様はやはり良く仕事ができて、信頼性があって、経費がかからないという当り前のことを強く要望している.

このような要望の強い項目について、上位から順次に70%になるまでそれぞれの○、△、×印を太線で強調させておく.

さて、国内と海外のユーザー満足度の調査で、当社製は×××台、競合機は×××台を調査したところが、Ai という製品は⑩の③項(故障が少なく信頼できる)で×(太線の×)印がついたとすると、×印の列を上方にたどっていき、ユーザー満足度の旗との交点のところに黒星をつける. ここでは、信頼性のところに黒星がついている. この黒星を白くすれば、ユーザー満足度全体が改善されていくことになる.

さらにこの黒星を右ヨコ方向へたどると、品質レベル(実績)の欄に到達する.「信頼性」が黒星であるが、信頼性のなかのどういう項目に手を打ったら良いかをここでウエートづけしている. いま、実績から見て MTBF に問題ありということになれば、それを改善するための具体的な指標が設定される. 製品品質の⑩でいえば、信頼性、耐久性のそれぞれについて製品ごとに設定している. このなかには組立時不具合件数やクレーム件数、MTBF などもはいっている. したがって、この目標値をキチンと達成していけば、ユーザー満足度はおのずから上がってくることになる.

ここで決めた管理点を,「QA の管理点」といっている. この QA の管理点をベースとして, それに対する現状あるいは将来的な課題を設定し, それを解決するための重点実施事項を決める. さらに, テーマ別の主担当部門と関係部門を選定する.

こうしてとりあげられたテーマを毎年見直して, 翌年度の活動計画に反映させている.

3) テーマの種類と活動状況の管理

機能委員会で審議されるテーマは, 次の 3 つに区分され, それぞれの割合は図 18.9 のようになっている.

① 品質保証長期計画でとりあげたテーマ:75%
② 機能委員会で指示のあった臨時テーマ:15%
③ 年度ごとに定常的にとりあげるテーマ:10%

(例) ・品質保証長期計画のローリング.
・機能委員会活動の年度計画.
・QC 診断や QC 指導会計画.

こうしてとりあげたテーマは, 早いものでは 3～6 カ月で解決に向かうが, 大きなテーマでは 1～2 年におよぶものもあり, この間に事務局はもちろん, 実施部門においても人の移りかわりがあり, 活動の主旨の徹底を欠く恐れがあるので, それぞれのテーマごとにとりあげた理由と年度別に到達すべき目標を明確にしている.

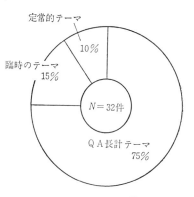

図 18.9 テーマの種類

また, 活動状況の中間チェックの時期, 機能委員会への報告の時期なども, 推進計画表にまとめて管理の徹底をはかっている.

⑹ 機能委員会活動のフォロー

機能委員会の一連の活動状況は，半期ごとにとりまとめて年に2回，先の図18.4で説明したTQC委員会への報告が義務づけられている．

さらに，それらのすべての締めくくりとして全社レベルでの「機能別単位」のQC診断(社長診断)が年度末に実施され，総合的な評価と診断がなされている．

⑺ お わ り に

当社の機能別管理について「品質保証機能」を事例としてのべたが，当社であつかう商品の種類の増加，それら商品の仕様の多様化，そして先端技術のとりいれにともなう商品の高度化と日進月歩の今日において，当社の品質保証機能がこれで十分ということはない．

めまぐるしく変化する諸環境条件に対応した，実のある品質保証機能への一層の前進を目指し，品質保証長期計画のローリングを毎年実施して，お客様に満足される商品の提供，社会への貢献に努力をしているところである．

19. Q C 診 断

——**TQC** の推進状況をトップみずからが点検し，活動の促進を
はかること．

19.1 QC診断とは

わが国の TQC の特徴の1つに，トップ・マネジメントによる QC 診断があ
る．

消費者要求の高度化・多様化，市場競争の激化，需要の停滞，省資源など，
企業をとりまく環境の変化に対応していくためには，トップ経営層の意図を企
業の隅々にまで徹底させ，信頼性・安全性の高い高品質の製品を，経済的に実
現することが必要不可欠である．そのためにはトップ方針の浸透をはかり，
TQC を効果的に推進していかなければならない．

節目，節目での QC 診断は，QC 活動の実情を把握し，体質改善のスピード
をあげることに役立つとともに，トップとくに社長の TQC へのとり組みの熱
意とリーダーシップを示すことに効果的である．

「QC 診断」には，次のような種類がある．

▼ QC 診断の種類 ▼

(1) 診断目的による分類

(1) 資格認定のための診断

当該製品の製造販売上必要な資格認定をうるためのもので，JIS 表示認可のための診断や ASME 製造者認定などがある．

(2) 表彰のための診断

QC のレベルを知るとともに，受賞により企業の信用を高めることに目的があり，これにはデミング賞，工業標準化実施優良工場(通商産業大臣賞，工業技術院長賞など)などがある．また，企業が協力会社の品質保証を優良認定して表彰するものに，「トヨタ品質管理賞」，「小松品質管理賞」などがある．

(3) 工程調査のための診断

調達者が供給先に対して行なう診断で，購入先や外注先の管理体制や技術水準について調査し，品質保証体制をチェックするものである．購入先診断，外注先診断などがある．

(4) TQC 活動の診断

TQC 活動が確実に実行されているかどうかを調べるための診断である．

(2) 診断する人による分類

(1) 社外の人による診断

社外の学識経験者による診断である．デミング賞の審査は，デミング賞委員長から委嘱された委員によって行なわれる．

(2) 社内の人による診断

これには，

① 社内の人のみ

② 社内の人＋社外の学識経験者(QC の専門家，関係会社の役員や QC 担当部長)

の2種類があり，社内 QC 診断では，この両者が併用されている場合が多い．

診断側のヘッドによって，

19. Q C 診 断　　　　281

① 社長診断

② 部門長(事業部長，工場長，支店長など)診断

③ QCスタッフによる診断

④ 部門相互の診断

などがある.

　QC診断という言葉を，次のように定義しておこう.

　"QC診断" とは，

　　　「QC活動がどのようなしくみで確実に実行され，総合的に大きな効果

　　をあげているかどうかを現場調査し，何が優れており，どのような悪い点

　　があるかを指摘し，良くなるような方法を勧告し，処置をとること.」

である.

　以下，社長・部門長によるトップ診断を中心にのべる.

19.2　QC診断の目的

　QC診断のねらいは，TQC活動を意欲的かつ効果的に進めているかどうか

をチェックし，TQCのレベルをできるだけ客観的な目で評価・判定を行なう

ことにより改善点を明確にし，体質改善・強化活動をより促進させることにあ

る.

　QC診断を実施する目的を整理しておくと，次のようになる.

♥ QC診断の目的 ♥

(1) 会社方針の展開と実践が正しく行なわれているかどうかを，トップみず

　からが確認し，適切な対策をとること.

(2) TQCレベルを客観的につかみ，改善すべき点や目標(あるべき姿)を明

　確にすること.

282

(3) TQC 推進，体質改善(仕事に対する考え方，仕事のやり方，しくみの改善)のスピードをあげること．

(4) 全社員の力を結集させ，1人1人の努力を効果的，効率よく成果に結びつけること．

(5) 社員と直接話しあうことにより，上意下達，下意上達を通じて全社の一体感，社員のモラールアップに資すること．

QC 診断の結果，次のような効果をあげることができる．

▼ QC 診断の効果 ▼

(1) 方針管理や QC の実施状況が把握され，全社的に QC 活動が盛んになり，一層のレベル向上がはかられる．

(2) QC に対するトップの考え方を，現場の隅々にまで徹底させることができる．

(3) トップが会社の実態を知り，適切な行動がとれるようになる．

(4) トップみずからが QC の理解を深めることができる．

(5) 部課長も広い視野でものを見るようになり，管理能力の向上がはかられる．

(6) トップと従業員とのコミュニケーションがよくなり，モラールが向上する．

(7) トップ，スタッフ，ライン間の人間関係がよくなる．

19.3 QC 診断の実施

QC 診断は，経営目標・課題を直接チェックするだけでなく，むしろ経営目標・課題を効率よく解決させるための仕事のやり方，しくみ面に重点をおいて

19. Q C 診 断　　　　　283

診断するのがよい．現状打破がいかに行なわれているか，そして日常の管理活動を最高のレベルで，ムダなく，確実に，円滑に行なうための具体的な方法がつくられ，実践されているかを，その実態にもとづいて行なうことである．

QC 診断の実施は，ふつう次の手順にもとづいて行なう．

▼ QC 診断の実施の仕方 ▼

[手順 1]　診断の目的を明確にする．

診断には，TQC 活動全般を対象にするものと，品質保証システムとか新製品開発管理など，重点テーマを絞って実施するものとがある．

TQC 推進状況といっても，TQC 導入後まもない会社では，管理・改善活動が中心になろうし，TQC の展開が進んだ会社では，機能別・部門別の体質強化に診断のメスがあてられるであろう．

したがって，診断のねらいを明確にし，これを受診部門に周知させる必要がある．

[手順 2]　診断の実行計画を作成する．

多忙な社長や重役のスケジュールを調整する必要があるので，年度はじめに診断実行計画書を作成し，QC 診断の基本的方針，診断対象部門，診断日などを決める．

診断計画は早目に関係方面に連絡し，受診側は準備を行なう．

[手順 3]　診断員を編成する．

診断員は，社長をリーダーとした重役陣とするが，第三者による専門的な立場からの指摘，客観的な立場からのチェックと公正な判断などをうるために，外部から学識経験者を招聘し，診断メンバーに加わってもらうのがよい．とくに QC 診断に慣れないうちは，業務報告会や重役からのお小言会になってしまうこともあるので，これは有効である．

[手順 4]　診断実施要領を作成する．

診断実施要領書には，診断目的，診断項目，診断の進め方，診断日の運営の仕方(出席者，期日，スケジュール，場所)，診断重点事項の解説，説明要領，準備資料の作成要領などを盛りこむ.

診断項目としては，次のようなものがあげられる.

(1) 部門(事業部，工場)診断

① 方針管理

② 品質保証(新製品開発，新技術開発をふくむ)

③ 原価管理

④ 生産量管理

⑤ 人材育成

⑥ 標準化

など.

(2) テーマ別診断

① トップ方針の展開と実施

② クレーム，重要品質問題の再発防止

③ 品質保証システムの改善

④ 新製品開発の方法と管理

など.

[手順 5] 実情説明書を作成する.

診断項目を短時間で要領よく説明するため，実情説明書を作成する. そのなかにはできるだけ実際の解析例などをふくめ，しかも冗長にならず，図表を盛りこみ，筋道のとおった書き方をする必要がある. 実情説明書の作成は，受診部門がみずからQCの実施状況について反省し，成果と問題点を認識することに意義がある.

部門診断における実情説明書の内容は，一般に次のようなものとする.

① 部門(事業部，工場)の概要

19. Q C 診 断　　　　285

② 組織と運営

③ TQC の推進経過(基本的な考え方，TQC 推進のあゆみ)

④ 方針管理

⑤ 人材育成(教育・訓練)

⑥ 標準化

⑦ 品質保証(製品企画から市場評価まで)

⑧ 原価管理

⑨ 生産量管理

⑩ 総合効果と将来計画

⑪ 現場巡回

など．このほかに，受注(販売)管理，安全管理，外注(購買)管理，工期管理，利益管理などをいれる場合もある．

受診側は，受診時に次のものを準備しておく．

① 実情説明書

② 詳細説明資料

③ 日常管理資料

④ 現場またはそれが説明できるもの(新製品，新技術，新シミュレーター，新管理システム，改善事例など)

[手順 6]　診断を実施する．

診断は，基本的に次のような内容にもとづいて行なう．

① 社長挨拶

② 実情説明と質疑応答

③ 現場診断と質疑応答

④ 社長と外部講師の講評

表 19.1 に，診断日のスケジュールの概要を示す．Aスケジュールとは，受診側が事前準備して説明するもので，Bスケジュールとは審査員が独自

表19.1 事業部社長診断プログラムの例

区分	項　目	説　明　者	時間(分)	時　刻
Aスケジュール	開　会　挨　拶	司　　　会	5	9：00～ 9：05
	社　長　挨　拶	社　　　長	5	9：05～ 9：10
	1. 事　業　部　概　要 2. ＴＱＣ推進の経過 3. 方　針　管　理	事　業　部　長	20	9：10～ 9：30
	質　疑　応　答		15	9：30～ 9：45
	4. 品　質　保　証	品質保証部長	25	9：45～10：10
	質　疑　応　答		15	10：10～10：25
	休　　　憩		15	10：25～10：40
	5. 原　価　管　理 6. 生　産　量　管　理 7. 人　材　育　成 8. 標　準　化 9. 総合効果と将来計画	原価管理室長 生産管理部長 総　務　部　長 技　術　部　長 事　業　部　長	20	10：40～11：00
	質　疑　応　答		15	11：00～11：15
	10. 現　場　説　明		45	11：15～12：00
Bスケジュール	昼　　　食		60	12：00～13：00
	11. 現　場　調　査 （部単位に実施）	各　部　長	160 (40分×4単位)	13：00～15：40
	休　　　憩		15	15：40～15：55
	総　括　質　問		30	15：55～16：25
	ご　　講　　評	社長，講師	30	16：25～16：55
	事　業　部　長　挨　拶	事　業　部　長	5	16：55～17：00

の考えで現場にはいって質問するものをいう.

診断チェックリストの例として，デミング賞実施賞の審査におけるチェックリストを表19.2に示しておく.

19. QC診断

表19.2 デミング賞実施賞チェックリスト (1984. 1月改訂)

項目	チェックポイント	項目	チェックポイント
1. 方針	(1)経営および品質, 品質管理に対する方針 (2)方針決定の方法の妥当性 (3)方針の内容の妥当性, 一貫性 (4)統計的方法の活用 (5)方針の伝達と侵透とその達成状況のチェック (6)方針および達成状況のチェックとその関連 (7)長期計画, 短期計画との関連	6. 標準化	(1)標準の体系 (2)標準の制定, 改廃の方法 (3)標準の制定, 改廃の実績 (4)標準の内容 (5)統計的方法の蓄積 (6)技術の蓄積 (7)標準の活用
2. 組織とその運営	(1)責任権限の明確性 (2)権限委譲の適切性 (3)部門間連携 (4)委員会活動 (5)スタッフの活用 (6)QCサークル活動の活用 (7)品質管理診断	7. 管理	(1)品質およびそれに関連する原価, 量などの管理システム (2)管理項目, 管理点 (3)管理図などの統計的手法の活用 (4)QCサークル活動の寄与 (5)管理活動の実態
3. 教育・普及	(1)教育計画と実績 (2)品質意識, 管理意識 (3)統計的考え方および手法に対する理解度 (4)効果の把握 (5)関連会社(とくに系列会社・外注先・業務委託先・販売会社)の教育 (6)QCサークル活動 (7)改善提案の制度と実態	8. 品質保証	(1)新製品・新商品の開発の方法(品質展開と解析, 信頼性設計・設計審査など) (2)安全性 (3)工程設計・工程解析・工程管理と改善 (4)工程能力 (5)計測, 検査 (6)設備管理, 外注管理, 購買管理, サービス管理 (7)品質保証体系とその診断 (8)統計的方法の活用 (9)品質評価, 監査 (10)品質の保証状態
4. 情報の収集・伝達とその活用	(1)社外情報の収集 (2)部門間の情報伝達 (3)情報伝達の速さ(コンピュータの活用) (4)情報整理・(統計的)解析と活用	9. 効果	(1)効果の測定 (2)有形の効果・利益, 安全, 納期, コスト, 品質, サービス, 環境など (3)無形の効果 (4)効果の予測と実績との合致性
5. 解析	(1)重要問題とデータの選定 (2)解析方法の妥当性 (3)統計的方法の活用 (4)固有技術との結びつき (5)品質解析, 工程解析 (6)解析結果の活用 (7)改善提案の積極性	10. 将来計画	(1)現状の把握と具体性 (2)欠点を解決するための方策 (3)今後の推進のための計画 (4)長期計画との関連

診断員からの質問に対しては，なるべく事実にもとづいて，日常資料をもちいて説明するのがよい．

[手順 7]　診断結果を通知する．

診断指摘事項と今後のとり組み方を「診断結果意見書」としてまとめ，受診部門に通知，指示する．

また，受診時の講評，質疑応答，現場診断内容は記録しておき，議事録としてまとめ，受診部門はもとより，それ以外の関連部門にも配布して参考とする．

[手順 8]　診断結果をフォローする．

受診部門は，指摘・指導された各事項に対して改善計画を立案し，改善計画書としてまとめ，TQC 推進部門に報告する．

なお，改善計画に対する推進状況は，毎月の TQC 推進委員会や TQC 指導会で具体的に行なうとともに，次回の QC 診断でフォローする．

19.4　QC診断の留意点

QC 診断は，その実施のやり方によっては

- 本質的なものがかくされ，形式的なおまつり騒ぎに終わる
- アラ探しに終わり，効果が少ない
- 良い格好をしようとして，受診側はできていないものを粉飾し，より以上のものにみせようとする

などの問題がある．

したがって，QC 診断を実施するにあたっては，その実質的効果をあげるために，次の点に留意する必要がある．

19. Q C 診 断

▼▼ 効果的な QC 診断を行なうための留意点 ▼▼

[その 1] 診断側，受診側ともに全員が気楽に診断が進められるような**ムード**をつくれ．

[その 2] 悪いところをかくしたり，格好よくつくろったりしないで，**謙虚な姿勢**で受診せよ．

[その 3] 口答説明はなるべく避け，**データ**，解析資料，管理資料，標準類を提示し，QC ストーリーによる報告を行なえ．

[その 4] アラ探しに終わらないで，**良い点**の発掘に努力せよ．

[その 5] 形式にとらわれないで，日常業務のやり方の**実態**をつかめ．

[その 6] 先入観をもって判断せず，事実にもとづいた**正しい判断**をくだせ．

[その 7] 結果のみにとらわれず，**プロセス**(仕事のやり方，手順，しくみ)の**改善**，充実に着目せよ．

[その 8] 実践活動の積みあげを評価し，**自信**を助長せよ．

[その 9] 指摘は抽象化しないで具体的なものとし，**改善の方法**を示せ．

[その10] 指摘事項・指示事項は改善計画をたて，その**フォローアップ**を怠るな．

19.5 ぺんてるにおける社長QC診断の運営

消費者指向に徹し，意欲的に TQC 活動を展開しながら，サインペン，シャープペンシル，芯などの筆記用具のほか，コンピュータ端末機器，ロボットなどを開発・製造しているぺんてるの「社長 QC 診断」[2-m]（TQC 推進室長　島田善司氏による）を紹介しておこう．

⑴ は じ め に

当社が社長 QC 診断をはじめたのは，昭和53年のことである．

昭和48年から全社員が一丸となって TQC の勉強とその推進に邁進し, 昭和51年にデミング賞を受賞できたのであるが, 当面の目標をクリアーできたことで, 社員が肩の荷をおろしてホッとしている, そんな時期が昭和53年であった.

また, 社員の新陳代謝によって, デミング賞挑戦の過程を経験していない社員が目立ってきた時期でもあった.

そこで, QC 診断を実施することによって, TQC 活動のレベルを維持・向上させるためにはじめたのが, この制度である.

(2) 社長 QC 診断の概要

社長QC診断は, 国内22事業所を年2回ずつ行なうのが原則で, 1事業所に対しては人員数の多少にかかわらず1日かけて行なわれる.

診断のやり方は, デミング賞審査のやり方にならってAスケジュールとBスケジュールに分けて行なう.

(1) Aスケジュール

Aスケジュールでは, 被診断者側のペースで次の発表が行なわれる.

 ① 部署長の発表──部署長は「TQC推進経過」とのタイトルで, 方針を中心としたQ(品質問題), D(納期・量問題), C(コスト問題), 人材育成(QCサークル活動をふくむ)の4つの柱についてのCAPDCAを発表する.

 ② 実施例の発表──部署長方針の遂行に大きく寄与する過去半年～1年の重要テーマについて, 部署長の次の職位の者(製造課長, 販売課長クラス)が2～3名, 自己の職掌のなかでいかに仕事のレベルアップを計画的に行ない効果をあげたかについて, 社内で定められている発表パターン(QCストーリー)で発表する.

(2) 診断員側の着眼点

Aスケジュールの診断は, 「社長QC診断Aスケジュール用チェックリスト」

19. Q C 診 断　　　291

によって行なわれるが，主な着眼点は次のようなことである．

① 発表の内容が，事実に裏づけられているか否かを，回覧されてくる資料によって確認する．

② 生産部門では比較的慣れていることであるが，それ以外の部門の発表では，ねらいと実績の差異の追究がいま一歩というところが目立つので，ここを重点的に見る．

③ 仕事のやり方がかわったとき，必ず標準の改訂が行なわれているかを確認する．

④ 残された問題点と今後の計画について，発表資料だけでなく，具体的な実施計画となっているかどうかを確認する．

⑤ 他部署に水平展開できる実施例を積極的にピックアップする．

⑥ 発表者に自己の職務の遂行に対して強い熱意がみられるか．

(3) Bスケジュール

Bスケジュールは，現場診断とQCサークル体験談発表に分けられている．

現場診断は，「社長QC診断Bスケジュール用チェックリスト」により行なうほか，Aスケジュール発表に関連する日常のデータの確認および日常管理項目・日常チェック項目の活用状況，とくに異常時に適切なアクションがとられているか否かを調べる．

なお，現場には現場ごとにQ，C，D，人材育成に関するデータ，帳票類の一覧表があり，3秒作戦といって診断員の要求に即応できるように指示されている．

課単位の診断時間は，30〜40分間である．

QCサークルは，当該事業所で最近完了したテーマをもっているサークルが発表し，診断員との間に質疑応答が行なわれる．

(3) 計　　画

(1) 年間スケジュール

社長QC診断は，当該事業年度計画のはじまる3カ月前までに年間スケジュールとして決定される．

当社の社長の行動は分刻みで予定され，1年先くらいまでほとんど日程がうまっているのが常であるが，QC診断については極力全日程(延べ44日間)に主査として参加するというのが社長の意志である．

過去，やむをえない事情により主査を副社長あるいは専務に委ねたことは，年間を通じて2～3回である．

(2) 診　断　員

診断員の構成は，主査をつとめる社長以外に，原則として役員があたり，工場および比較的規模の大きい事業所は4名で診断を行ない，小規模の事業所は2～3名で行なわれる．

Bスケジュールは，2名ずつの班に分かれて現場を巡回診断する．

なお，各役員は年2回以上必ず診断員をつとめるように計画上で配慮され，この組合せと決定はTQC推進本部長が行なう．

(3) 日程決定上の留意事項

東京から日帰りのできる事業所は，独立した日程で組まれるが，北海道・東北など，北の事業所は連続した日程で計画される．

関西以西についても同様である．

このように組むことにより航空運賃，新幹線運賃，その他出張経費が数分の一ですむ．

しかし地方の事業所のみなさんには，年1～2回のことであるが，土曜日・日曜日の振替出勤をしてもらうことになる．

⑷　実　　　施

(1) 事　前　指　導

被診断部署の依頼により，社長QC診断の1～2週間前にTQC推進室長が事前指導を行なう制度がある．ちょうどこの時期は，前もって診断員に提出す

19.　Q　C　診　断　　293

るAスケジュール用の発表資料のまとめが現場で行なわれている.

そこで, 方針の PDCA, 全社水平展開事項の活用状況, 実施例の内容, 日常管理の状況などについて, もてる力と実績を網羅してまとめあげられているかを対話と資料で確認し, 必要ならば修正を行なう.

この作業は, 一見発表のための資料づくりと思われがちであるが, 本当のねらいは被診断事業所の部課長に方針の反省の仕方, 仕事の PDCA の回し方, 考え方などを OJT するのが目的である.

これについて, 社長は「良いくせをつけさせるために, 事前指導を必ず行なうよう」TQC 推進室長に指示している.

事前指導をつづけてきたことによって, 最近では営業の支店においても, ほとんど手入れをしなくてもよいまとめができる支店ができているし, 部課長の発表ももち時間内にキチンと行なえるようになってきた.

細かいことだが, 資料の誤字・脱字の類も同様である.

(2)　部署長診断

これは, 社長QC診断に向かっての資料のまとめに時間をさかれすぎる, と感じたある事業所長が, 自主的にはじめた制度である.

自主的なものであるから本社への報告義務もなく, 時間も1日中かけて行なわれるものでもない.

たとえば, ある支店では課ごとに月1回午後3時あるいは午後5時以後に支店長と支店の管理課長(TQC 横割担当)が出向いて, Bスケジュール的に課長・係長の方針遂行状況, 日常管理の状況などについて, 使用中の資料にもとづいてチェックし, QC 的アプローチで課員と対話し, 助言をするのである.

事業所ごとにやり方は自由となっているが, いずれにしろ忙しさにまぎれて日常の業務はQCとは別と考えるとか, 準備の悪いままで社長QC診断を迎えるなどということをなくするのがねらいである.

また, 新入社員・中途採用社員をQCに馴染ませることにも役立つので, こ

れを実施している事業所は営業部門でみても，QCサークル活動評価におい
て他事業所に抜きん出た実績を示している．

(3) 社長QC診断

Aスケジュールでは，発表者ごとに「社長QC診断評価表」により診断員各
自が評価点をつける．

評価点につけ加えて，「改善すべき点」と「とくに良かった点」のコメント
が書きこまれる．

Bスケジュールでは，課ごとに評価点がつけられるほかは，Aスケジュール
の評価方法と同様である．

診断員の言によれば，「診断も大変だが，その後に行なうこの評価表のまと
めが，よりシンドイ」ということである．

被診断部署は，その指摘にある「改善すべき点」については，実施計画に項
目追加を行なうしくみになっている．

その他，診断当日の準備事項や診断の手順などについては，社内規定のなか
に「社長QC診断実施要領」として制定されているので，全事業所が標準化さ
れた方法で行なうことができる．

⑸ 評価およびフォロー

(1) 評　　価

デミング賞を受賞したTQC活動のレベルの維持・向上という目的から，被
診断事業所の評価点が70点未満のときは，再診断が1カ月以内に行なわれる．

社内では俗に「リターンマッチ」とよばれ，年によっては年間1〜3事業所
が該当することがある．

逆に，評価点の良い事業所は半年に1回2事業所が選ばれ，賞状と金一封が
授与されるとともに，TQCニューズに写真と概要が掲載される．

評価は通常，前にものべたとおり社内の診断員で行なわれるが，3年くらい
に1回は全社22事業所のうちの数事業所を抽出して，社外の指導講師を招聘し

て診断員に加わっていただき，社長ほか診断員が診断の勉強をするしくみになっている．

(2) フォロー

Aスケジュール，Bスケジュールとも診断員は，その場で賞賛と不具合の指摘を行なうので，これを記録係が聞きもらさず，改善実施計画(社長 QC 診断指摘事項処理一覧表)にして，TQC 推進室あてに提出する．

TQC 推進室は，すべての社長 QC 診断に立ちあいまたは診断員として参加しているので，被診断事業所から提出された改善計画にもれがないか，あるいは内容が妥当かを確認し，社長あてに提出する．

この改善計画は，項目ごとに完了のつど処理状況を記入して提出されるが，過去においてウヤムヤのうちに処理されたような項目が発見されたりしたこともあって，昨年度からの解析項目であれば QC ストーリーを添付してもらうことにし，その他の項目のときは改善前と改善後の状況がわかる資料を添付することを義務づけた．

指摘項目に処理もれのないことが，TQC 推進室の仕事の評価項目の 1 つになっている．

⑹ おわりに

社長 QC 診断を行なうようになってから 5 年が経過しようとしている．診断を通じてわかったことがいろいろあるが，そのうちの 1 つに次のようなことがある．

地方でまたは組織の末端で，QC 的にやっていると本人は自覚していなくとも，事実をよくつかみ，非常に合理的なデータをつけ，仕事の成果をあげている社員が多数いる．

こういう社員たちの実施した仕事を QC ストーリーにまとめてもらったり，Bスケジュールでとりあげて標準化し，他部署に水平展開することがよくある．

これは，当初の意図になかった成果である．

296

TQC推進本部は，こういう社員のなかから翌年の「QCサークル洋上大学」参加の推薦を行なうのである．

最近，社長は「QC診断は，7割褒めて，指導は3割くらいがよい」といっている．

本社はともかく，地方の社員にとって社長に直接あって仕事の成果をみていただくのは，QC診断以外にはほとんどない状況のもとで，社長からの直接の賞賛は社員の翌日からの仕事の励みになるのである．

そうするためにも，日常の現場自身の地道なTQC活動の推進が重要であると同時に，TQC推進部署の計画的・重点指向による進め方が重要で，TQCプロモーターとしての責任を痛感しているところである．

なお，次の課題は海外11ヵ国にある子会社へのQC診断の展開である．

3年ほど前から，海外子会社では方針管理および日常管理システムを形のうえでは逐次導入してきたが，内容はまだまだというところであるので，昭和58年度からぜひ海外子会社でもQC診断を実施し，TQC活動のレベルアップをはかっていきたいと考えている．

20. 人間性の尊重

——人間性を尊重し，人間の能力をフルに発揮させること．

20.1 人間の欲求

　TQCで大事なことは，うまく標準化を行ない，権限を思いきって委譲し，社員1人1人の能力を十分に発揮させていくことである．

　産業心理学者のマズロー(A. H. Maslow)は，人間の欲求には図20.1に示す

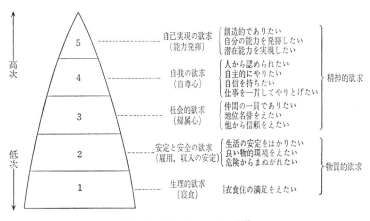

図 20.1　人間の欲求の5段階

298

ような5つの段階があり，低次の欲求が満たされればより高次の欲求が起こり，この段階が高まるほど満たされたときの喜びは大きい，とのべている．

(1) 生 理 的 欲 求

人間は，まずその根底に飢えだとか，渇きだとか，眠気だとかいった生理的な現象を満たそうとする欲求，つまり「生理的欲求」というものをもっている．この人間の生存に必要な基本的要求がある程度満たされないかぎり，他の諸要求はたとえ存在していたとしても，人間の意志や行動にあまり強い影響力をもたない．このような状態においては，われわれの意志や行動はおおかた生理的欲求によって規定されてしまう．

(2) 安定と安全の欲求

生理的欲求がある程度満たされると，こんどはもう一段次元の高い欲求，つまり「安定と安全の欲求」を満たそうとする傾向が強まってくる．これは，危険や脅威や苦痛や心配から身を守ろうとする欲求であり，また明日の保障を確保し，安全な状態に身をおこうとする欲求である．

(3) 社 会 的 欲 求

安定を求める欲求がある程度満たされてくると，こんどは「社会的欲求」というものが支配的になってくる．これは，集団の仲間たちから受けいれられ，認められたい，愛情や友情を与える対象や，逆にそれを注いでくれる仲間たちをもちたいと願う欲求である．この欲求が，人間の欲求構造のなかで支配的になってくると，人間の行動や意識はそれによってもっとも強く影響され，いままでとはちがったいろいろな行動があらわれてくる．職場において人間関係という問題が関心をもたれるようになるのは，この欲求が従業員の行動や意識を支配する動機づけ要因となってくるころからである．

(4) 自 我 の 欲 求

つぎには，「自我の欲求」が勢力をしめてくる．これは，自尊の欲求と名声の欲求からなる．つまり，自分の存在意義を認めてもらいたい，自分の能力に

応じたあつかいをしてもらいたい，自分のなしとげた仕事にはきちんと客観的な評価をしてもらいたい，意志決定にあたって自分らにも相談をもちかけてもらいたいなど，いわゆる自我というものを確立したいと願う欲求である．先進諸国の国民の間では，すでにこの欲求が支配的勢力をもち，彼らの多くの行動や意識は，この欲求の充足の方向に向かって形成されている．

(5) 自己実現の欲求

自我の欲求がある程度満たされると，最後に「自己実現の欲求」が人間の意識や行動を大きく支配してくる．自我の欲求が満たされることによって，人間はさらに自己の潜在能力を現実化したい，もっと自分というものを磨きあげ成長したい，もっと創造的な人間になりたい，といった気持ちが強くなり，それに応じたいろいろな意識や行動が形成されてくる．したがって，いまだに低次元の欲求に支配されている人々に，より創造的になれとか，自己啓発の意欲をもてといっても，さほど大きな成果は期待できない．

20.2 人間性の尊重

TQC の基本は，人間性の尊重にある．

"人間性の尊重"とは，

> 「人間らしさを尊(たっと)び，重んじ，人間としての特性を十分に発揮すること.」

をいう．

TQC 活動は，人間のもつ感情を大切にし，英知，創造力，企画力，判断力，行動力，指導力などの人間の能力をフルに発揮させる活動である．

人間は感情の動物であるから，同じ仕事をしている人でも，その人の気持ちのもち方によって，その仕事の内容や能率は大きく異なってくる．

マズローのいう「自我の欲求」や「自己実現の欲求」を満足させる仕事の進

300

め方が必要である.

活力ある職場とは，人間性が尊重され，人間の能力を無限に引き出し，高められる職場のことである.

各人が**"仕事に意欲をもてる条件"**としては，

(1) 仕事の目的や目標がはっきりしていること

(2) ある範囲の仕事をまかされており，自分自身の責任でやれること

(3) 仕事の進め方について考え，それをやってみることができること

(4) 自分の行なった仕事の成果がわかること

の4つをあげることができる.

高い生産性の向上やミスのゼロ化を追求するあまり，ややもすれば人間性を軽視したり，人間の本性を性悪なものとみなし(人間性悪説)，命令や統制を重視するような職場では人間関係は非協力的で，モラール(士気)も能率も低くなってしまう.

それに対して，人間は生まれながらにして仕事をしたり，うまくやりたいという人間性善説の立場にたって，仕事の目標，標準や方法の設定・変更について，なぜそれが必要なのかについての情報の伝達が正しく行なわれ，また下から上に対してそれらに関連した改善の提案が行なわれ，十分なコミュニケーションと良好な人間関係が形成されている職場では，能率もモラールも高くなる.

20.3 QC サークル活動

わが国の TQC の特徴の1つに人間性の尊重があるが，それを具体化させ顕著な成果をあげている活動が，QC サークル活動である.

「QC サークル」を，『QC サークル綱領』[13] では，次のように定義している.

20. 人間性の尊重　　　301

"QCサークル"とは,

● 同じ**職場内**で	● 同じ職場の人たち, つまり職長や班長と部下とが一緒になってグループを編成する.
● **品質管理活動**を	● 職場の5大使命(品質, 原価, 納期, 安全, 人間関係)に職場全員が一致協力してとり組み, 達成に努力する.
● **自主的**に行なう	● やらされるのでなく, みずからのヤル気で自主的に結成し, 自主的に運営する.
● **小グループ**	● 6〜8人でグループを編成し, グループの全員が力をあわせて活動する.

である.

この**"小グループ"**は,

● **全社的品質管理活動**の一環として	● 職場の第一線をがっちり固め, TQC(全社的品質管理)活動から割り出された分担を十分に遂行する.
● **自己啓発, 相互啓発**を行ない	● 自分から進んで勉強するとともに, グループのお互いが刺激しあい, 自分の能力を高めていく.
● **QC手法を活用**して	● やさしくて, 利用効果の高い「QC七つ道具」を身につけて, 活用する.
● 職場の**管理, 改善**を	● QCサークル活動の大きな目的である管理(水準を安定状態に維持する), 改善(水準を向上させる)活動を行なう.
● **継続的**に	● 一発勝負をねらうのではなく, 職場がつづくかぎりQCサークル活動を継続していく.
● **全員参加**で	● 全員参画, 全員出席, 全員発言, 全員役割分担で, ともに苦労し, 喜びを全員でわかちあう.

行なう.

"**QC サークル活動の基本理念**"は，次のとおりである．

① 企業の体質改善・発展に寄与する．

② 人間性を尊重して，生きがいのある明るい職場をつくる．

③ 人間の能力を発揮し，無限の可能性を引き出す．

この3つの基本理念を解説しておこう．

まず③は，人間個人に言及したものである．人間は，機械とちがって無限に伸びる能力をもっている．したがって，メンバー1人1人がQCサークル活動を通じ，自己啓発・相互啓発し，勉強すれば能力はどんどん開発され，向上していくということである．

②は，職場についてのべている．QCサークル活動は，人間の意見・自主性を尊重し，考える動物である人間の英知，独創性を生かし，自己啓発や相互啓発によりこれを伸ばしていくという，人間を人間とみて，人間性を尊重していこうという活動である．その結果，職場の人間関係はよくなり，生きがいのある，楽しい，明るい職場になってくるのである．

①は，企業の姿をのべている．QC活動の各職場の核としてのQCサークルがしっかりしてきて，自主的に活動をし，広い視野でものを見て，経営的センスでものを考え，実行し，上司やスタッフにどんどん積極的・建設的な意見をいうようになってくれば，企業経営のあり方も近代化し，体質が改善され，企業は確実に発展していくということである．

この基本理念は，人間性の尊重がベースになっており，次の考えがふくまれている．

(1) 働く1人1人が立派に成長することをねらった活動であること．

(2) 人間性を尊重する活動であること．

(3) 良好な人間関係をつくりあげる活動であること．

(4) 自分の仕事を楽にするための活動であること．

(5) 仕事のなかに喜びを生む活動であること．

20.4 三和銀行における QC サークルの導入

三和銀行は，本社を大阪におき，資本金約 1,114 億円，従業員数約 18,000 名，預金高第 5 位の銀行である．

三和銀行は，昭和 52 年の春に金融界で初めて QC サークル活動を導入したが，「なぜ三和銀行が QC サークル活動を導入することになったのか」を，当時頭取であった赤司俊雄氏 (現会長) の話を聞いてみよう．

以下は，昭和 56 年 9 月 3 日に開催された第 2 回 QC サークル国際大会における特別講演「QC サークルと私」[4-c] の一部である．

『いま振りかえってみると，三和銀行が QC サークル活動を導入することになった要因は，3 つぐらいあると考えています．

その第 1 は，なんといっても私の経営理念との関係です．私は，当行が QC サークル活動を導入する約 1 年前の昭和 51 年の 4 月に頭取に就任しましたが，かねてより「人間尊重の経営」でいきたいという考えをもっていました．

私の銀行経営に対する考え方は，なんといっても働きがいのある，風通しの良い職場をつくることです．そのなかで行員 1 人 1 人をきびしく，しかし温かい心情をもって鍛えぬいていき，仕事を通じて 1 人 1 人が成長をとげていくことです．その人の人生のなかで，三和銀行における職場生活が実り多い，心温まる記憶をもって振りかえってもらえることです．このような職場づくりを基本にした経営を行なっていきたい，というのが私の考え方です．私は，これを「人間尊重の経営」といっていますが，私は頭取就任の第一声で「人間尊重の経営」を基本とすることを強調したわけです．

第2には，昭和52年に三和銀行が創業100周年を迎えるため，なにか意義のある企画はないかと模索していたことです．また，私は昭和52年の年頭にあたって，われわれは毎日どういう姿勢で仕事をしていったらいいのか，という行動指針として「尽くそう親切，燃やそうバイタリティ，磨こう心と知識」という標語を全店に配布し，その実践を行員のみなさんにお願いしていました．

いままでの銀行の周年行事は，お客様にお願いすることが多かったのですが，三和銀行ではお客様の永年のご愛顧にお応えできる，もっとも意義のあることをやりたいと真剣に考えていました．いままでどこもやらなかったようなやり方で，100周年を立派に飾るための良い企画を模索していた，という背景がありました．

第3には，頭取に就任して以来「なんとか，ひと味ちがうピープルズ・バンクをつくりたい」と腐心していたことです．私の頭取就任から約半年間かけて，「クローバー作戦」という5ヵ年間の長期経営計画を立案し，推進するとともに，どうしたらひと味ちがうピープルズ・バンクをつくれるか，いろいろ模索しました．ますます多様化するお客様のニーズに応えられるような，ユニークな商品やサービスの開発とか，そのもとになる優れた人材の育成などいろいろと模索をしていた，という背景がありました．

いろいろと研究の結果，「買手の要求にあった品質」というQCの基本的な顧客志向の精神，およびQCサークル活動の基本理念は私の「人間尊重の経営」という経営理念にぴったり一致し，私のかかげる標語にも対応するものでした．

ここに私は，創業100周年の記念行事にふさわしい運動として，QCサークル活動の全店導入を決意したわけです．』

20. 人間性の尊重 305

その後, 三和銀行では活発なQCサークル活動を展開しているが, 活動の現況(昭和59年3月末)は, 次のとおりである.

① サークル数：約2,300サークル.

② 対象者数：非役付者全員約12,000人.

③ テーマ解決件数：約39,000件(1サークル平均17件).

④ サークル提案提出件数：約38,000件(1サークル平均16.5件).

20.5 QCサークル活動のはじめ方, 進め方

(1) QCサークル活動のはじめ方

QCサークル活動の導入方法は, 企業の業種, 業態, 風土などによってちがってくるが, 一般に次の手順で進めていくのがよい.

♥ QCサークル活動のはじめ方 ♥

[手順 1] 他のQCサークルをみてくる.

QCサークルのリーダーや推進者となる人たちが, すでに活発にやっている他社や他の職場を見学したり, QCサークル大会や交流会などに参加する.

[手順 2] QCサークルの話を聞く.

QCサークル本部や支部, (財)日本科学技術連盟, (財)日本規格協会などの主催する講習会や講演会に出席し, QCサークルの基本や運営の方法などについて勉強する.

[手順 3] QCサークル関係の本を読む.

まず手はじめに『QCサークル綱領』,『QCサークル活動運営の基本』, 月刊『FQC』誌(いずれも(財)日本科学技術連盟発行)を読み, 勉強する.

[手順 4] みんなで話しあう.

QC サークル活動をはじめようとする人たちを中心に，どのようにしたらよいかを話しあう．次に，上司や QC サークル推進担当者と話しあい，指導や援助を頼む．

[手順 5] とにかくやってみる．

まず，職場の監督者がリーダーとなって，QC サークルをつくって活動してみる．

[手順 6] やった結果を反省する．

会合のもち方，役割分担や協力の仕方，テーマの決め方，手法の使い方，問題解決のステップの進め方，勉強の仕方などについて，みんなで反省し，今後の進め方について検討する．

(2) QC サークル活動の進め方の基準

QC サークル活動を進めるにあたっての基準は，次のとおりである．

(1) リーダーは QC サークルの基本を正しく理解する．

(2) メンバーに QC サークル活動の必要性を感じさせる．

(3) メンバーにヤル気をもたせる．

(4) 自主的に行なえるような環境をつくる．

(5) 目標をたてて活動する．

(6) 強力な武器である QC 手法を勉強する．

(7) 節(ふし)をつけて活動をしめくくる．

(8) QC サークル活動を評価(自己評価や上司による評価)する．

(3) QC サークル活動の進め方

QC サークル活動は，導入当初から必ずしも順調に発展するとはかぎらない．むしろ，何回も試行錯誤をくりかえしながらたくましく成長していくのが通常であるから，自分たちの QC サークル活動の進め方をみんなで考え，見出していく努力が必要である．

そのためには，リーダーシップとチームワークを養うことが大切である．チ

20. 人間性の尊重 307

ームワークをよくするためには，メンバー各自がQCサークルの意義や活動の心がまえを正しく理解していることはもちろん，メンバー同士がよく話しあい，十分な意志の疎通をはかり，みんなが共通の目標に向かって活動することが大切である．

QCサークル活動は，一般に次の手順にしたがって運営する．

▼ QCサークル活動の運営の仕方 ▼

[手順 1]　QCサークルを編成する．

職場の監督者がリーダーとなり，部下の社員をメンバーとして，QCサークルを編成し，上司の承認をうる．

[手順 2]　QCサークルを登録する．

サークル編成後なるべく早く，社内のQCサークル事務局やQCサークル本部((財)日本科学技術連盟)に登録する．これにより，自分たちのサークルについて，責任を自覚するようになる．

[手順 3]　テーマを決定する．

会社方針や上司の意向を聞いて，自分たちで解決できる範囲のテーマを選ぶ．

[手順 4]　活動計画書を作成する．

上記のテーマに対する活動計画書を作成し，上司の承認をうる．

[手順 5]　QCサークル活動を実施する．

計画にもとづき，QCサークル会合，朝夕のミーティングなどを利用し，具体的な改善・管理の活動を行なう．

会合の内容は，QCサークル会合記録として残すようにする．時には，リーダー会などを開催して，サークルの運営について困っている問題の話しあいなどを通して，その解決をはかる．

改善活動については，次のように行なう．

図 20.2 理想の QC サークルリーダー（松下電工　彦根工場提供）

20. 人間性の尊重 309

① 問題点に関するデータをとり，QC 七つ道具などをもちいて解析する．

② 創意工夫をこらし，改善案を作成する．

③ 改善案を実施し，その効果を確認する．

④ 改善案がよければ，歯止め・管理の定着を行なう．

[手順 6]　活動の進捗状況をチェックする．

活動状況について計画に実績を記入し，進捗状況のチェック，実績のチェックを行ない，上司に報告し，指導を受ける．

[手順 7]　成果を活動報告書にまとめる．

成果は活動報告書にまとめ，上司に報告する．

[手順 8]　QC サークル発表会などで報告する．

活動結果は，できるかぎり社内の QC サークル発表会で報告する．優秀なものは，社外の QC サークル大会などで発表し，社外の人に活動内容を評価してもらう．

[手順 9]　新しいテーマにとり組む．

活動結果を評価・反省し，次の活動に生かす．QC サークル活動は，職場とともに永続するものであるから，次のテーマを選び，サークル活動を継続させる．

20.6　私と QC サークル活動——ある主婦の体験

次の作文は，電話機や各種コンデンサーなどを製造している信越日通工の電解課で働く主婦の松本令子さん（勤続17年，QC サークル活動経験年数 2 年）の「QC サークル!! この素晴しきものとの出合い」[14] と題する一文である．

これは，QC サークル大会1000 回を記念して，QC サークル本部が昭和56年

4月に「私とQCサークル活動」をテーマに作文を募集し，応募数585編のなかから入選になったものの1編である．

QCサークル活動を通じて職場で，家庭で必死にもがき，苦しみ，勉強し，意欲づけられながら，人間としての喜びを味わい，人間として成長していく主婦の姿が印象的である．

『「お母さんも勉強して頑張っているんだね．僕たちも一生懸命勉強するね」．小学校3年の長男が，私にこう言ってくれました．

「勉強しろ，勉強しろ」と，口がすっぱくなるほど言うよりも，親の姿を子供たちに見せた方が説得する力が大きいと知ったのは，私がQCサークル活動のための学習を家庭でするようになったからです．

今，私はQCサークル活動が企業の品質維持向上や生産性増大など，企業のためのものだけでなく，この活動に加わる人と，その家庭にまで大きな影響を及ぼすことに驚き，そして喜んでいます．

QCサークル活動が導入されて本当によかった，としみじみ思う今日この頃の私です．

私たちの会社にQCサークル活動が導入されたのは，今から2年ほど前の昭和53年6月のことでした．

「わが社でも今度QCサークル活動を導入することになりました．みんなで力を合わせてQCサークル活動にとり組み発展させてもらいたい．QCサークル活動というのは，私たちが毎日会社にきて生産活動をしていますが…」と，朝礼で説明がありました．

しかし，初めて聞くこの2文字の「QC」が，私にはむずかしくてさっばりわかりませんでした．そして，ただ何をするでもなく，ただそこに自分がいただけの日々が6カ月ほど過ぎたある日の朝礼で，上司が言いました．

20. 人間性の尊重 311

「私たちの課の QC サークルはメンバー数が多すぎて，小集団活動をするには，かえって具合が悪いので再編成をする」と，今までのサークル人数を半分にする説明があり，さらに大きな声で言いました．

「最初は職制の方でサークル長を任命します．目標を達成してからは，サークルで話し合って決めるように．えー組立サークルは〇〇さん，仕上サークルは松本さん」

こともあろうに私の名前が呼ばれたのです．まさか？　私なんかに．こう思ったのですが，夢ではありません．

とたんに「本当にえらいことになってしまったなあー．なんて私は運が悪いのだろう」と，その時思いましたが，本当に大変なのは，それからでした．

QC サークルリーダーのための学習会が，仕事が終わってから毎日もたれました．パレート図，特性要因図，ヒストグラムなど QC の七つ道具の勉強や，ルート，シグマ，平方根などの計算は，中学校を出てから勉強には縁のなかった私には，容易なことではありませんでした．

聞くことの多くが初めて耳にすることばかりで，講師の課長さんから「何かわからないことはありませんか」と聞かれても，何がわからないのか，何がわかるのか，それすらわからない私でした．

私だけ落ちこぼれては大変だ，リーダーとしてサークルをまとめるにはどうしても身につけなければという負けん気で，家に帰って復習をすることにしました．

中学校を卒業してすぐに勤めて18年．

上司の言われるままに，真面目に働いてさえいれば，それでいいんだ，と自分に言い聞かせてきた私ですが，まさか今さら勉強するようになるとは，思ってもみなかった私です．

主婦であり，2児の母である私にとって，家庭で勉強するということは

毎日毎日が戦争でした．会社での一日の仕事が終え，家に帰って家事のあとかたづけを終え，子供の世話をして寝かせてからの勉強は，とても厳しいものでした．最初は張り切ってやり出しますが，いつの間にか片手に鉛筆を持ち，教科書を枕に夢の中，ということも何度かありました．そして，あまりの辛さに何度かくじけそうになりました．

そんな私をささえてくれたのは，家族の協力でした．

勉強や会合などで遅くなるとき，主人に迎えにきてもらったり，また義母に夕食の用意をしてもらい，私の帰るまではみんなが夕食を待っていてくれました．

そんな家族の暖かい協力に恵まれたからこそ頑張り抜けたのです．

最初のうちは「QC」といっても，大正生まれの義父母には，なかなか理解が得られなくて困りましたが，今では「頑張ってな」と声をかけてくれるようになりました．本当に頭が下がる思いです．

このように苦労して QC 手法をはじめとした QC のいろいろなことを学習しながら，サークルのテーマの解決にみんなで取り組み，目標を達成することができました．

そして，第 1 回社内発表大会で最優秀になったのです．

さらに，私たちのサークルが第 836 回 QC サークル女性大会(関東支部長野地区)に出場することになりました．喜んでよいのか，悲しんでよいのか，再び私は大変なことになったと思いました．

サークルメンバーの協力と上司のアドバイスで，発表のための準備を毎日毎日，夜遅くまで繰り返しました．

「腕試しのつもりで気軽に行ってこい」といっていた上司が，いざ特訓に入ると「ダメダメ，そんなことでどうする」，「何度言ったらわかるんだ」と何度も何度も叱られました．十分な練習もできずに，不安なままで出場し，発表をしました．

20. 人間性の尊重 313

ほかの発表者たちの若いのには驚きました。ほとんど20歳位で、30歳の私などは、もうおばあちゃんでした。

やっとの思いで発表が終わりました。その時、上司がこう言いました。

「ご苦労さん、今日までよくついてきてくれた。これからも頑張れよ」その一言で私は胸が一杯でした。

ずっと叱ってばかりいた上司に、はじめて暖かい言葉をかけてもらったのですから……。

今、今日までの活動を静かにふり返ってみて、しみじみ思います。

QCサークル活動は、メンバー全員の協力がなければサークルの歯車は止まってしまう。活動は1人のものでなく、サークル全員のものでなければならない。だから、活動をする上では女だから、まだよく知らないからとの甘えは許されず、全員が汗にまみれ、油にまみれ、知恵を出し合い、工夫し合っていくことが必要だと思います。

ときには人と人との対立があり、悲しくせつない思いもしました。

でも、人間同士、誠意を持ってあたれば、必ず理解し合えることも、QCサークル活動の中から身をもって体験しました。

お互いに何でも言い合い、理解し合い、一丸となって目標に向かうこの素晴しさを、私は一生忘れないことでしょう。

ただ不良さえ低減させればいい、目標さえ達成させればよいのだ、ではなく、活動を通じ、サークルの人間性を養い、そして何でも言い合えるサークルを基盤として、この結果、不良が減る、目標が達成した、でなければならないと思います。

「世の中は結果が第一だ。途中の努力は評価されない。東京大学受験に徹夜徹夜の連続で勉強をしてすべったものより、遊んでいて合格したものが評価される」と、上司の言われた言葉ですが、途中経過である毎日毎日の努力の積みかさねが、必ず不可能を可能にまで導くことができると思い

ます.

　これからは，この2年間の体験を足がかりとし，一層充実した活動にするよう頑張っていくことが，今日まで見守ってくれた家族や上司の方々に対する私のつとめだと思うのです.

　QC サークルとの出逢いが，私の人生を素晴しいものにしてくれました.

　この素晴しき QC サークルのために，私は翔びたちます.』

参 考 文 献

1) 『デミング賞・日本品質管理賞受賞報告講演要旨』, デミング賞委員会, (財)日本科
  学技術連盟.
  a. 『1983年度デミング賞受賞報告講演要旨』
  b. 『1982年度デミング賞・日本品質管理賞受賞報告講演要旨』
  c. 『1981年度デミング賞・日本品質管理賞受賞報告講演要旨』
  d. 『1980年度デミング賞・日本品質管理賞受賞報告講演要旨』
  e. 『1979年度デミング賞受賞報告講演要旨』

2) 『品質管理』誌, (財)日本科学技術連盟発行.
  a. 下村　寿：「市場の品質情報——百貨店を中心とした——」, Vol. 30, No. 9,
     pp. 12〜17, 1979.
  b. 塚本倬三, 村田龍彦：「設計部門における市場品質情報の活用」, Vol. 32, 6月臨
     時増刊号, pp. 130〜134, 1981.
  c. 細谷克也：「統計的手法の活用——その意義と活用の仕方——」, Vol. 32, No. 4,
     pp. 6〜9, 1981.
  d. 福岡鉞夫：「QP 表を活用した工程能力改善活動について」, Vol. 30, 5月臨時増
     刊号, pp. 90〜95, 1979.
  e. 白石章二, 坪内信朗：「外装吹付仕上げ材の性能評価——評価項目の抽出と評価
     方法の確立——」, Vol. 34, 11月臨時増刊号, pp. 88〜92, 1983.
  f. 森　克己：「燃料噴射ポンプ用バルブスプリングの故障解析」, Vol. 33, 6月臨時
     増刊号, pp. 252〜255, 1982.
  g. 「QC 用語解説」, Vol. 34, No. 10, pp. 86〜87, 1983.
  h. 縫島健一, 佐々木正廣：「鹿島建設における設計施工段階での QC 的アプローチ
     ——大型 PC 低温タンクの開発を対象として——」, Vol. 34, No. 6, pp. 49〜55,
     1983.
  i. 水野芳昭：「トヨタ自動車の購買部門における TQC 推進と部課長への QC 教
     育」, Vol. 34, No. 7, pp. 22〜26, 1983.
  j. 垂水健介：「安川電機における部課長の QC 教育」, Vol. 34, No. 7, pp. 45〜50,

1983.

k．池澤辰夫：「方針管理」，Vol.30，No.12，pp.6～7，1979．

l．平川達男：「リコーにおける方針管理」，Vol.33，No.9，pp.18～23，1982．

m．島田善司：「ぺんてるにおける社長QC診断の運営」，Vol.33，No.12，pp.40～44，1982．

3) 『FQC』誌，（財）日本科学技術連盟発行．

a．平下和一：「事例(2)　品質は工程内で作りこもう」，No.200，pp.17～19，1979．
小磯通子：「事例(3)　お客さまからの苦情をなくそう！」，No.200，pp.20～23，1979．

b．細谷克也：「データのとり方——「データでものを言う」ために——」，No.248，pp.4～12，1983．

c．細谷克也：「改善事例（その2）　Vベルト調整作業の改善」，No.133，pp.15～19，1974．

d．細谷克也：「要因解析の重要性とそのコツ——真の原因をつかむために——」，No.243，pp.4～6，1983．

e．作業標準講座小委員会：「作業標準講座　第1講　作業標準のねらい」，No.170，pp.78～85，1977．

4) 「品質月間テキスト」，品質月間委員会発行．

a．草場郁郎編：『経営と品質管理』，No.93，p.12，1977．

b．豊田　稔：『QUALITY COMPANY——品質至上の経営とその実践』，No.101，pp.4～6，1978．

c．赤司俊雄：『QCサークル活動と私』，No.135，pp.3～9，1982．

d．細谷克也：『QC的ものの見方・考え方』，No.129，1981．

5) *Business Week*：McGraw-Hill, Inc., March 12, 1979．

6) 『品質管理』誌編集委員会編：『部課長のための——これからの企業と品質』，pp.137～143，日科技連出版社，1977．

7) 川野凱朗：『製品企画における品質保証』，「成熟商品の製品企画における品質保証——シェバーの企画・開発の事例から——」，第37回品質管理シンポジウム，p.70，日本科学技術連盟，1983．

8) 「BC実施インストラクション」，日本科学技術連盟，1984．

参 考 文 献

9) 『第1425回 QC サークル大会（徳山）体験談要旨集』，pp. 36〜37，日本科学技術連盟，1984.

10) 細谷克也：『現場の QC 手法（上級編）』，100問100答シリーズ No. 6，pp. 72〜73，日科技連出版社，1978.

11) 水野　滋，赤尾洋二編：『品質機能展開』，日科技連出版社，1978.

12) 下山田　薫：「品質保証における機能別管理」，『品質』，Vol. 14，No. 4，1984.

13) QC サークル本部編：『QC サークル綱領』，日本科学技術連盟，1970.

14) QC サークル本部編：『私と QC サークル活動』，第1000回記念 QC サークル大会作文集，pp. 41〜45，日本科学技術連盟，1981.

15) 石川　馨：『日本的品質管理』，日科技連出版社，1981.

16) 水野　滋監修，QC 手法開発部会編：『管理者・スタッフの新 QC 七つ道具』，日科技連出版社，1979.

17) 細谷克也：『QC 七つ道具――やさしい QC 手法演習――』，日科技連出版社，1982.

索　引

（五十音順）

[あ]

アクション	46
当り前の品質	35
後工程	98
——はお客さま	97, 98
——の7ポイント	99
SQC	2
FMEA	192, 193, 214
FMECA	193
FT	196
——図	193
FTA	193
応急処置対策	188

[か]

解析的アプローチ	203
改善案の検討と実施	125
改善効果の確認	126
改善の手順	123
開発目標	56
合致の品質	35
活動計画の作成	124
管理	43, 44
——のサイクル	45
——のサークル	45
——の定着化	126
管理項目	247

——の例	250
企業体質	9
——強化の手順	10
——の悪さ	11
技術マップ	213
機能展開	206
——のやり方	205
——表	207
部業務の——	262, 263
機能別委員会	270
機能別管理	261, 265
——を効果的に運営する10ポイント	269
——の効果	266
——の進め方	267
QA評価項目	92
QC	2
——周辺の手法	111
QC教育	224
——を成功させる10のコツ	229
——実施のポイント	229
——の実際	227
——の実施状況	233
——の方法	224
QC工程図	217
QC工程表	196, 197
QCサークル	301
QCサークル活動	300
——の運営の仕方	307

——の基本理念	*302*	源流管理	*201, 202*
——の進め方の基準	*306*	——の7ポイント	*203*
——のはじめ方	*305*		
QC手法	*109*	恒久対策	*188*
——の意義	*107*	工程管理	*208*
——の選び方	*111*	工程設計	*207*
——の活用	*107*	工程展開表	*208*
——の10ポイント	*115*	工程能力	*164, 165*
——の種類	*108, 109*	——の有無の判断基準	*169*
——の利用率	*111, 112*	工程能力指数(C_p)	*167*
その他の——	*110*	——(C_p, C_{pk})の計算	*168*
利用効果の高い——	*113*	カタヨリを評価した——(C_{pk})	*167*
QC診断	*279, 281*	工程能力調査	*164, 166*
——の効果	*282*	——の手順	*166, 167*
——の実施の仕方	*283*	——の目的	*165, 166*
——の種類	*279*	工程の管理	*76*
——の目的	*281*	国際規格	*141*
——の留意点	*288*	国家規格	*141*
QCストーリー	*132, 133*		
QC的反省	*181, 183*	**[さ]**	
QC七つ道具	*109*	再発防止	*181, 183, 185*
問題解決に使われる——	*127*	——のしくみ	*185*
教育	*223*	——のための対策	*188*
——体系	*223, 225, 226*	個別——	*188*
——の基本	*222, 223*	システム——	*188*
——の基本的な考え方	*221, 223*	作業標準	*150, 151*
——のねらい	*231*	——作成の目的	*151*
——・普及	*221*	——の内容	*152*
——プログラムに盛りこむべき内容		——のもつべき条件	*158*
	228	作業要領書	*153*
		サブシステム展開表	*207*
計画	*45*	三直三現	*71*
KKD	*62*	サンプル	*63*
現状分析	*124*		
検討	*46*	JISマーク	*141*

自工程	98	設計品質	35, 207
事実による管理	61	設計フローチャート	215
事実のつかみ方	63	全員参加	19
自主検査	99	——によるTQCの進め方	25
市場品質情報システム	89-91	——の経営	19
市場品質情報の収集と活用	88	——の阻害要因のつぶし方	21
CWQC	2	——へのあの手この手	20
実施計画書の作成	243	全社的品質管理	2
実情説明書	284		
社長方針設定の手順	239	総合的品質管理	2
社内標準	141, 143	総点検	25, 26
——の体系例	145-147	[た]	
社内標準化	143		
——の10の効果	143	体質強化の方法	9
——の進め方	144	代用特性	65
——の制改訂および実施手続き	148	団体規格	141
——の体系	144		
——の手順	149	チェック	46
重点指向	53	中期経営計画の策定	253
重点問題	54		
——設定の手順	55	TQC	1, 2
——設定のポイント	56	——推進部門の担当者に要求される	
消費者指向	85, 86	性格	23
——のための10ポイント	88	——導入のねらい	8, 9
職場外集合訓練(OFF・JT)	227	——の意味	2
職場内訓練(OJT)	227	人間集団の形成と——	19
処置	46, 246	適合品質	35
試料	63	できばえの品質	35
新QC七つ道具	110	デザインレビュー(設計審査)	80, 83, 196
人材育成のしくみ	224	データ	67
		——をとる目的	67
スパイラルアップ	47	——のとり方10カ条	69
		——の分類	68
施工フローチャート	218	テーマの決定	123
設計的アプローチ	203	デミング賞	8

——実施賞チェックリスト	*287*	——の特徴	*107*
		——の発展経過	*4*
統計的手法	*109*	品質機能展開	*203-205*
——の活用体系	*114*	品質至上	*37*
統計的品質管理	*2*	品質第一	*31, 33*
統計的方法	*110*	——達成の 10 方策	*35*
特性	*64*	品質展開	*190, 204*
——値	*64*	——のやり方	*205*
——の選び方	*64*	要求——表	*191*
——の例	*66*	品質特性	*63, 64*
トラブル	*184*	——値	*64*
		——展開表	*206*
[な]		品質トラブル解析シート	*186, 187*
		品質の製造	*74*
日常管理	*264, 265*	品質の設計	*74*
人間性の尊重	*297, 299*	品質の展開	*204*
人間の欲求	*297*	品質の販売・サービス	*75*
		品質表	*212, 216*
ねらいの品質	*35*	品質保証	*73, 74*
年度方針展開	*255*	——機能委員会	*271*
		——体系	*209*
[は]		——体系図	*194, 195*
		——のしくみ	*209*
パーフェクト良品	*170*	——レベルの評価	*182*
——活動	*167*	品質優位	*31*
——の 10 ポイント	*170*		
バラツキ管理	*163, 164*	ファクト・コントロール	*61*
		部品展開表	*207*
PDCA	*43, 45*	部門別管理	*261*
工程管理の——	*52*	——の進め方	*264*
ppm 管理	*169*	プラン	*45*
標準	*140*	プロダクト・アウト	*85*
標準化	*126, 139, 140*	プロセス	*76*
——のチェックポイント	*148*	——・コントロール	*73, 75, 76*
——の必要性	*139*	——と検査	*78*
標本	*63*		
品質管理	*1, 2*		

——のポイント	*76*	
——でつくりこむ	*77*	

報告書作成の意義	*132*
方策（重点施策）	*240*
方針管理	*235, 236, 264, 265*
——推進のポイント	*248*
——による 10 の効果	*238*
——のしくみ	*252*
——の推進上の留意点	*248*
——の進め方	*239*
——の注意事項 30 ヵ条	*249*
——の必要性	*235*
——の目的	*237*
部長の——の進め方	*241*
方針達成状況の評価	*256*
方針の策定	*241*
方針の実施	*244*
母集団	*63*
——とサンプルの関係	*64*

[ま]

前工程	*98*
マーケット・イン	*85*

未然防止	*181, 189, 190*
トラブル——のポイント	*190*
魅力的品質	*35*

目標値	*240*
目標の設定	*125*
問題解決能力	*121*
問題解決の手順	*121–123*
問題解決の進め方チェックシート	*128*
問題解決のプロセス	*122*
問題点	*54*
——の把握	*123*
問題発見能力	*121*

[や]

要因解析	*125*
——のコツ	*130*
——のための 7 つのステップ	*131*
要求品質	*79*
——展開表	*205, 211*
——の展開	*205*
——の把握と展開	*79*
——把握表	*81*

著者紹介

細谷　克也（ほそたに　かつや）

1938 年　生まれ．
1983 年　日本電信電話公社近畿電気通信局局長室調査役を
　　　　経て退職．
現　在　品質管理総合研究所代表取締役所長．（一財）日本科学技術連盟嘱託．デミング賞委員会顧問，『QC サークル』誌編集委員会顧問，技術士（経営工学部門）．QMS エキスパート審査員．上級品質技術者．QC サークル上級指導士．QC 検定 1 級．（一社）日本品質管理学会名誉会員．デミング賞本賞受賞（1998 年）．日経品質管理文献賞を『QC 的ものの見方・考え方』（1985 年受賞）などで計 9 回受賞．品質経営・品質管理関係セミナー講師のほか，多くの企業の TQM 指導を担当．

［主な著書］
『QC 七つ道具』，『TQM 実践ノウハウ集』（全 3 巻，編著），『見て即実践！　事例でわかる標準化』（編著），『QC 的問題解決法』，『すぐわかる問題解決法』（編著），『TQM における問題解決法』（共著），品質管理検定（QC 検定）の問題・解説集 5 シリーズ，『QC 検定受検テキスト』，『速効！ QC 検定』，『品質管理検定受験対策問題集』，『QC 検定対応問題・解説集』，『QC 検定模擬問題集』（いずれも編著），『超簡単！　Excel で QC 七つ道具・新 QC 七つ道具作図システム』（編著）など 153 冊．

　本書は，1984 年発行の細谷克也著『QC 的ものの見方・考え方』の第 7 刷（1986 年 10 月 21 日発行）を底本とし，複製して制作した書籍です．なお，本文中の表記や表現につきましては当時のままで掲載しております．

名著復刻

QC 的ものの見方・考え方

2025 年 4 月 29 日　第 1 刷発行

検　印 省　略	著　者　細谷　克也 発行人　戸羽　節文 発行所　株式会社 日科技連出版社 〒151-0051　東京都渋谷区千駄ヶ谷 1-7-4 　　　　　渡貫ビル 　　　　　電話　03-6457-7875 印刷・製本　㈱三秀舎 URL https://www.juse-p.co.jp/

Printed in Japan

© Katsuya Hosotani 2025
ISBN 978-4-8171-9814-3

　本書の全部または一部を無断でコピー，スキャン，デジタル化などの複製をすることは著作権法上での例外を除き禁じられています．本書を代行業者等の第三者に依頼してスキャンやデジタル化することは，たとえ個人や家庭内での利用でも著作権法違反です．